林业和草原应对气候变化主要文件汇编

国家林业和草原局生态保护修复司　编

U0313690

中国林业出版社

图书在版编目(CIP)数据

林业和草原应对气候变化主要文件汇编/国家林业和草原局生态保护修复司主编. —北京：中国林业出版社，2019.12
ISBN 978 - 7 - 5219 - 0479 - 6

Ⅰ. ①林… Ⅱ. ①国… Ⅲ. ①林业 - 气候变化 - 文件 - 汇编 - 中国 ②草原 - 气候变化 - 文件 - 汇编 - 中国 Ⅳ. ①S718.5②P467

中国版本图书馆 CIP 数据核字(2020)第 022298 号

出版　中国林业出版社(100009　北京西城区刘海胡同 7 号)
电话　010 - 83143564
发行　中国林业出版社
印刷　北京中科印刷有限公司
版次　2020 年 3 月第 1 版
印次　2020 年 3 月第 1 次
开本　787mm × 1092mm，1/16
印张　12
字数　300 千字
定价　68.00 元

前　言

　　20 世纪 80 年代以来，以全球变暖为主要特征的气候变化正在深刻影响着人类的生存和发展，是当今国际社会共同面临的重大挑战。1992 年 6 月，联合国环境与发展大会通过了《联合国气候变化框架公约（UNFCCC)》，1994 年 3 月 21 日正式生效，成为全球首个具有法律约束力的应对气候变化文件。此后，联合国每年都组织召开一次缔约方大会，广泛凝聚共识，努力推动全球应对气候变化行动，发布具有里程碑意义的《京都议定书》和《巴黎协定》，提出了基本原则和相关目标、机制、方案、资金、技术及行动等，不断推进全球绿色低碳转型发展。

　　我国是温室气体排放大国，也是最易受气候变化不利影响的国家之一，作为一个负责任的发展中国家，高度重视应对气候变化，坚持节约资源和保护环境的基本国策，以控制温室气体排放、增强可持续发展能力为目标，以保障经济发展为核心，加快经济发展方式转变，以节约能源、优化能源结构、加强生态保护和建设为重点，以科学技术进步为支撑，增进国际合作，不断提高应对气候变化的能力，推进构建人类命运共同体，为全球气候治理提供中国智慧和中国方案。自 2007 年起，我国陆续发布并实施了《中国应对气候变化国家方案》、《"十二五"控制温室气体排放工作方案》、《国家适应气候变化战略（2013—2020 年)》、《国家应对气候变化规划（2014—2020 年)》、《"十三五"控制温室气体排放工作方案》、《强化应对气候变化行动——中国国家自主贡献》等政策文件，全面部署推进应对气候变化工作。

　　林业具有减缓和适应气候变化的双重功能，具有不可替代的特殊作用。党中央、国务院高度重视林业应对气候变化工作，将其作为国家应对气候变化的重要举措，相关目标和任务已列入国家应对气候变化战略、规划和方案。国家林业和草原局认真落实党中央、国务院的决策部署，先后发布了《应对气候变化林业行动计划》、《林业应对气候变化"十二五"行动要点》、《林业应对气候变化"十三五"行动要点》、《林业适应气候变化行动方案（2016—2020年)》、《省级林业应对气候变化 2017—2018 年工作计划》等文件，加强组织领导，采取有力措施，统筹协同推进全国林草行业应对气候变化各项工作，取得了显著成效，为服务国家应对气候变化大局、推动绿色低碳发展与生态文明建设做出了重要贡献。

为了帮助全国林业和草原行业各级干部了解和掌握国际、国内及林业草原应对气候变化的政策和行动，我们汇编了有关应对气候变化的主要文件，以便大家学习使用，并做好今后的应对气候变化工作。

编者
2019 年 12 月

目 录

一、国际应对气候变化主要文件

联合国气候变化框架公约

本公约各缔约方，

承认地球气候的变化及其不利影响是人类共同关心的问题，

感到忧虑的是，人类活动已大幅增加大气中温室气体的浓度，这种增加增强了自然温室效应，平均而言将引起地球表面和大气进一步增温，并可能对自然生态系统和人类产生不利影响，

注意到历史上和目前全球温室气体排放的最大部分源自发达国家；发展中国家的人均排放仍相对较低；发展中国家在全球排放中所占的份额将会增加，以满足其社会和发展需要，

意识到陆地和海洋生态系统中温室气体汇和库的作用和重要性，

注意到在气候变化的预测中，特别是在其时间、幅度和区域格局方面，有许多不确定性，

承认气候变化的全球性要求所有国家根据其共同但有区别的责任和各自的能力及其社会和经济条件，尽可能开展最广泛的合作，并参与有效和适当的国际应对行动，

回顾1972年6月16日于斯德哥尔摩通过的《联合国人类环境会议宣言》的有关规定，

又回顾各国根据《联合国宪章》和国际法原则，拥有主权权利按自己的环境和发展政策开发自己的资源，也有责任确保在其管辖或控制范围内的活动不对其他国家的环境或国家管辖范围以外地区的环境造成损害，

重申在应付气候变化的国际合作中的国家主权原则，

认识到各国应当制定有效的立法；各种环境方面的标准、管理目标和优先顺序应当反映其所适用的环境和发展方面情况；并且有些国家所实行的标准对其他国家特别是发展中国家可能是不恰当的，并可能会使之承担不应有的经济和社会代价，

回顾联合国大会关于联合国环境与发展会议的1989年12月22日第44/228号决议的规定，以及关于为人类当代和后代保护全球气候的1988年12月6日第43/53号、1989年12月22日第44/207号、1990年12月21日第45/212号和1991年12月19日第46/169号决议，

又回顾联合国大会关于海平面上升对岛屿和沿海地区特别是低洼沿海地区可能产生的不利影响的1989年12月22日第44/206号决议各项规定，以及联合国大会关于防治沙漠化行动计划实施情况的1989年12月19日第44/172号决议的有关规定，

并回顾1985年《保护臭氧层维也纳公约》和于1990年6月29日调整和修正的，1987年《关于消耗臭氧层物质的蒙特利尔议定书》，

注意到1990年11月7日通过的第二次世界气候大会部长宣言，

注：《联合国气候变化框架公约》于1992年达成。

意识到许多国家就气候变化所进行的有价值的分析工作，以及世界气象组织、联合国环境规划署和联合国系统的其他机关、组织和机构及其他国际和政府间机构对交换科学研究成果和协调研究工作所作的重要贡献，

认识到了解和应付气候变化所需的步骤只有基于有关的科学、技术和经济方面的考虑，并根据这些领域的新发现不断加以重新评价，才能在环境、社会和经济方面最为有效，

认识到应付气候变化的各种行动本身在经济上就能够是合理的，而且还能有助于解决其他环境问题，

又认识到发达国家有必要根据明确的优先顺序，立即灵活地采取行动，以作为形成考虑到所有温室气体并适当考虑它们对增强温室效应的相对作用的全球、国家和可能议定的区域性综合应对战略的第一步，

并认识到地势低洼国家和其他小岛屿国家、拥有低洼沿海地区、干旱和半干旱地区或易受水灾、旱灾和沙漠化影响地区的国家以及具有脆弱的山区生态系统的发展中国家特别容易受到气候变化的不利影响，

认识到其经济特别依赖于矿物燃料的生产、使用和出口的国家特别是发展中国家由于为了限制温室气体排放而采取的行动所面临的特殊困难，

申明应当以统筹兼顾的方式把应付气候变化的行动与社会和经济发展协调起来，以免后者受到不利影响，同时充分考虑到发展中国家实现持续经济增长和消除贫困的正当的优先需要，

认识到所有国家特别是发展中国家需要得到实现可持续的社会和经济发展所需的资源；发展中国家为了迈向这一目标，其能源消耗将需要增加，虽然考虑到有可能包括通过在具有经济和社会效益的条件下应用新技术来提高能源效率和一般地控制温室气体排放，

决心为当代和后代保护气候系统，

兹协议如下：

第一条　定　义[*]

为本公约的目的：

1. "气候变化的不利影响"指气候变化所造成的自然环境或生物区系的变化，这些变化对自然的和管理下的生态系统的组成、复原力或生产力、或对社会经济系统的运作、或对人类的健康和福利产生重大的有害影响。

2. "气候变化"指除在类似时期内所观测的气候的自然变异之外，由于直接或间接的人类活动改变了地球大气的组成而造成的气候变化。

3. "气候系统"指大气圈、水圈、生物圈和地圈的整体及其相互作用。

4. "排放"指温室气体和/或其前体在一个特定地区和时期内向大气的释放。

5. "温室气体"指大气中那些吸收和重新放出红外辐射的自然的和人为的气态成分。

---

[*]　各条加上标题纯粹是为了对读者有所帮助。

6. "区域经济一体化组织"指一个特定区域的主权国家组成的组织，有权处理本公约或其议定书所规定的事项，并经按其内部程序获得正式授权签署、批准、接受、核准或加入有关文书。

7. "库"指气候系统内存储温室气体或其前体的一个或多个组成部分。

8. "汇"指从大气中清除温室气体、气溶胶或温室气体前体的任何过程、活动或机制。

9. "源"指向大气排放温室气体、气溶胶或温室气体前体的任何过程或活动。

第二条　目　标

本公约以及缔约方会议可能通过的任何相关法律文书的最终目标是：根据本公约的各项有关规定，将大气中温室气体的浓度稳定在防止气候系统受到危险的人为干扰的水平上。这一水平应当在足以使生态系统能够自然地适应气候变化、确保粮食生产免受威胁并使经济发展能够可持续地进行的时间范围内实现。

第三条　原　则

各缔约方在为实现本公约的目标和履行其各项规定而采取行动时，除其他外，应以下列作为指导：

1. 各缔约方应当在公平的基础上，并根据它们共同但有区别的责任和各自的能力，为人类当代和后代的利益保护气候系统。因此，发达国家缔约方应当率先对付气候变化及其不利影响。

2. 应当充分考虑到发展中国家缔约方尤其是特别易受气候变化不利影响的那些发展中国家缔约方的具体需要和特殊情况，也应当充分考虑到那些按本公约必须承担不成比例或不正常负担的缔约方特别是发展中国家缔约方的具体需要和特殊情况。

3. 各缔约方应当采取预防措施，预测、防止或尽量减少引起气候变化的原因，并缓解其不利影响。当存在造成严重或不可逆转的损害的威胁时，不应当以科学上没有完全的确定性为理由推迟采取这类措施，同时考虑到应付气候变化的政策和措施应当讲求成本效益，确保以尽可能最低的费用获得全球效益。为此，这种政策和措施应当考虑到不同的社会经济情况，并且应当具有全面性，包括所有有关的温室气体源、汇和库及适应措施，并涵盖所有经济部门。应付气候变化的努力可由有关的缔约方合作进行。

4. 各缔约方有权并且应当促进可持续的发展。保护气候系统免遭人为变化的政策和措施应当适合每个缔约方的具体情况，并应当结合到国家的发展计划中去，同时考虑到经济发展对于采取措施应付气候变化是至关重要的。

5. 各缔约方应当合作促进有利的和开放的国际经济体系，这种体系将促成所有缔约方特别是发展中国家缔约方的可持续经济增长和发展，从而使它们有能力更好地应付气候变化的问题。为对付气候变化而采取的措施，包括单方面措施，不应当成为国际贸易上的任意或无理的歧视手段或者隐蔽的限制。

第四条　承　诺

1. 所有缔约方，考虑到它们共同但有区别的责任，以及各自具体的国家和区域发展优先顺序、目标和情况，应：

（a）用待由缔约方会议议定的可比方法编制、定期更新、公布并按照第十二条向缔约方会议提供关于《蒙特利尔议定书》未予管制的所有温室气体的各种源的人为排放和各种汇的清除的国家清单；

（b）制订、执行、公布和经常地更新国家的以及在适当情况下区域的计划，其中包含从《蒙特利尔议定书》未予管制的所有温室气体的源的人为排放和汇的清除来着手减缓气候变化的措施，以及便利充分地适应气候变化的措施；

（c）在所有有关部门，包括能源、运输、工业、农业、林业和废物管理部门，促进和合作发展、应用和传播（包括转让）各种用来控制、减少或防止《蒙特利尔议定书》未予管制的温室气体的人为排放的技术、做法和过程；

（d）促进可持续地管理，并促进和合作酌情维护和加强《蒙特利尔议定书》未予管制的所有温室气体的汇和库、包括生物质、森林和海洋以及其它陆地、沿海和海洋生态系统；

（e）合作为适应气候变化的影响做好准备；拟订和详细制定关于沿海地区的管理、水资源和农业以及关于受到旱灾和沙漠化及洪水影响的地区特别是非洲的这种地区的保护和恢复的适当的综合性计划；

（f）在它们有关的社会、经济和环境政策及行动中，在可行的范围内将气候变化考虑进去，并采用由本国拟订和确定的适当办法，例如进行影响评估，以期尽量减少它们为了减缓或适应气候变化而进行的项目或采取的措施对经济、公共健康和环境质量产生的不利影响；

（g）促进和合作进行关于气候系统的科学、技术、工艺、社会经济和其他研究、系统观测及开发数据档案，目的是增进对气候变化的起因、影响、规模和发生时间以及各种应对战略所带来的经济和社会后果的认识，和减少或消除在这些方面尚存的不确定性；

（h）促进和合作进行关于气候系统和气候变化以及关于各种应对战略所带来的经济和社会后果的科学、技术、工艺、社会经济和法律方面的有关信息的充分、公开和迅速的交流；

（i）促进和合作进行与气候变化有关的教育、培训和提高公众意识的工作，并鼓励人们对这个过程最广泛参与，包括鼓励各种非政府组织的参与；

（j）依照第十二条向缔约方会议提供有关履行的信息。

2. 附件一所列的发达国家缔约方和其他缔约方具体承诺如下所规定：

（a）每一个此类缔约方应制定国家①政策和采取相应的措施，通过限制其人为的温室气体排放以及保护和增强其温室气体库和汇，减缓气候变化。这些政策和措施将表明，发达国家是在带头依循本公约的目标，改变人为排放的长期趋势，同时认识到至本十年末使二氧化碳和《蒙特利尔议定书》未予管制的其他温室气体的人为排放回复到较早的水平，将会有助于这种改变，并考虑到这些缔约方的起点和做法、经济结构和资源基础方面的差别、维持强有力和可持续经济增长的需要、可以采用的技术以及其他个别情况，又考虑到

---

① 其中包括区域经济一体化组织制定的政策和采取的措施。

每一个此类缔约方都有必要对为了实现该目标而作的全球努力作出公平和适当的贡献。这些缔约方可以同其他缔约方共同执行这些政策和措施，也可以协助其他缔约方为实现本公约的目标特别是本项的目标作出贡献；

（b）为了推动朝这一目标取得进展，每一个此类缔约方应依照第十二条，在本公约对其生效后六个月内，并在其后定期地就其上述（a）项所述的政策和措施，以及就其由此预测在（a）项所述期间内《蒙特利尔议定书》未予管制的温室气体的源的人为排放和汇的清除，提供详细信息，目的在个别地或共同地使二氧化碳和《蒙特利尔议定书》未予管制的其他温室气体的人为排放回复到 1990 年的水平。按照第七条，这些信息将由缔约方会议在其第一届会议上以及在其后定期地加以审评；

（c）为了上述（b）项的目的而计算各种温室气体源的排放和汇的清除时，应该参考可以得到的最佳科学知识，包括关于各种汇的有效容量和每一种温室气体在引起气候变化方面的作用的知识。缔约方会议应在其第一届会议上考虑和议定进行这些计算的方法，并在其后经常地加以审评；

（d）缔约方会议应在其第一届会议上审评上述（a）项和（b）项是否充足。进行审评时应参照可以得到的关于气候变化及其影响的最佳科学信息和评估，以及有关的工艺、社会和经济信息。在审评的基础上，缔约方会议应采取适当的行动，其中可以包括通过对上述（a）项和（b）项承诺的修正。缔约方会议第一届会议还应就上述（a）项所述共同执行的标准作出决定。对（a）项和（b）项的第二次审评应不迟于 1998 年 12 月 31 日进行，其后按由缔约方会议确定的定期间隔进行，直至本公约的目标达到为止；

（e）每一个此类缔约方应：

（一）酌情同其他此类缔约方协调为了实现本公约的目标而开发的有关经济和行政手段；和

（二）确定并定期审评其本身有哪些政策和做法鼓励了导致《蒙特利尔议定书》未予管制的温室气体的人为排放水平因而更高的活动。

（f）缔约方会议应至迟在 1998 年 12 月 31 日之前审评可以得到的信息，以便经有关缔约方同意，作出适当修正附件一和二内名单的决定。

（g）不在附件一之列的任何缔约方，可以在其批准、接受、核准或加入的文书中，或在其后任何时间，通知保存人其有意接受上述（a）项和（b）项的约束。保存人应将任何此类通知通报其他签署方和缔约方。

3. 附件二所列的发达国家缔约方和其他发达缔约方应提供新的和额外的资金，以支付经议定的发展中国家缔约方为履行第十二条第 1 款规定的义务而招致的全部费用。它们还应提供发展中国家缔约方所需要的资金，包括用于技术转让的资金，以支付经议定的为执行本条第 1 款所述并经发展中国家缔约方同第十一条所述那个或那些国际实体依该条议定的措施的全部增加费用。这些承诺的履行应考虑到资金流量应充足和可以预测的必要性，以及发达国家缔约方间适当分摊负担的重要性。

4. 附件二所列的发达国家缔约方和其他发达缔约方还应帮助特别易受气候变化不利影响的发展中国家缔约方支付适应这些不利影响的费用。

5. 附件二所列的发达国家缔约方和其他发达缔约方应采取一切实际可行的步骤，酌情促进、便利和资助向其他缔约方特别是发展中国家缔约方转让或使它们有机会得到无害环境的技术和专有技术，以使它们能够履行本公约的各项规定。在此过程中，发达国家缔约方应支持开发和增强发展中国家缔约方的自生能力和技术。有能力这样做的其他缔约方和组织也可协助便利这类技术的转让。

6. 对于附件一所列正在朝市场经济过渡的缔约方，在履行其在上述第 2 款下的承诺时，包括在《蒙特利尔议定书》未予管制的温室气体人为排放的可资参照的历史水平方面，应由缔约方会议允许它们有一定程度的灵活性，以增强这些缔约方应付气候变化的能力。

7. 发展中国家缔约方能在多大程度上有效履行其在本公约下的承诺，将取决于发达国家缔约方对其在本公约下所承担的有关资金和技术转让的承诺的有效履行，并将充分考虑到经济和社会发展及消除贫困是发展中国家缔约方的首要和压倒一切的优先事项。

8. 在履行本条各项承诺时，各缔约方应充分考虑按照本公约需要采取哪些行动，包括与提供资金、保险和技术转让有关的行动，以满足发展中国家缔约方由于气候变化的不利影响和/或执行应对措施所造成的影响，特别是对下列各类国家的影响，而产生的具体需要和关注：

（a）小岛屿国家；

（b）有低洼沿海地区的国家；

（c）有干旱和半干旱地区、森林地区和容易发生森林退化的地区的国家；

（d）有易遭自然灾害地区的国家；

（e）有容易发生旱灾和沙漠化的地区的国家；

（f）有城市大气严重污染的地区的国家；

（g）有脆弱生态系统包括山区生态系统的国家；

（h）其经济高度依赖于矿物燃料和相关的能源密集产品的生产、加工和出口所带来的收入，和/或高度依赖于这种燃料和产品的消费的国家；和

（i）内陆国和过境国。

此外，缔约方会议可酌情就本款采取行动。

9. 各缔约方在采取有关提供资金和技术转让的行动时，应充分考虑到最不发达国家的具体需要和特殊情况。

10. 各缔约方应按照第十条，在履行本公约各项承诺时，考虑到其经济容易受到执行应付气候变化的措施所造成的不利影响之害的缔约方、特别是发展中国家缔约方的情况。这尤其适用于其经济高度依赖于矿物燃料和相关的能源密集产品的生产、加工和出口所带来的收入，和/或高度依赖于这种燃料和产品的消费，和/或高度依赖于矿物燃料的使用，而改用其他燃料又非常困难的那些缔约方。

第五条　研究和系统观测

在履行第四条第 1 款（g）项下的承诺时，各缔约方应：

（a）支持并酌情进一步制订旨在确定、进行、评估和资助研究、数据收集和系统观测

的国际和政府间计划和站网或组织，同时考虑到有必要尽量减少工作重复；

（b）支持旨在加强尤其是发展中国家的系统观测及国家科学和技术研究能力的国际和政府间努力，并促进获取和交换从国家管辖范围以外地区取得的数据及其分析；和

（c）考虑发展中国家的特殊关注和需要，并开展合作提高它们参与上述（a）项和（b）项中所述努力的自生能力。

第六条　教育、培训和公众意识

在履行第四条第 1 款（i）项下的承诺时，各缔约方应：

（a）在国家一级并酌情在次区域和区域一级，根据国家法律和规定，并在各自的能力范围内，促进和便利；

（一）拟订和实施有关气候变化及其影响的教育及提高公众意识的计划；

（二）公众获取有关气候变化及其影响的信息；

（三）公众参与应付气候变化及其影响和拟订适当的对策；和

（四）培训科学、技术和管理人员。

（b）在国际一级，酌情利用现有的机构，在下列领域进行合作并促进；

（一）编写和交换有关气候变化及其影响的教育及提高公众意识的材料；和

（二）拟订和实施教育和培训计划，包括加强国内机构和交流或借调人员来特别是为发展中国家培训这方面的专家。

第七条　缔约方会议

1. 兹设立缔约方会议。

2. 缔约方会议作为本公约的最高机构，应定期审评本公约和缔约方会议可能通过的任何相关法律文书的履行情况，并应在其职权范围内作出为促进本公约的有效履行所必要的决定。为此目的，缔约方会议应：

（a）根据本公约的目标，在履行本公约过程中取得的经验和科学与技术知识的发展，定期审评本公约规定的缔约方义务和机构安排；

（b）促进和便利就各缔约方为应付气候变化及其影响而采取的措施进行信息交流，同时考虑到各缔约方不同的情况、责任和能力以及各自在本公约下的承诺；

（c）应两个或更多的缔约方的要求，便利将这些缔约方为应付气候变化及其影响而采取的措施加以协调，同时考虑到各缔约方不同的情况、责任和能力以及各自在本公约下的承诺；

（d）依照本公约的目标和规定，促进和指导发展和定期改进由缔约方会议议定的，除其他外，用来编制各种温室气体源的排放和各种汇的清除的清单，和评估为限制这些气体的排放及增进其清除而采取的各种措施的有效性的可比方法；

（e）根据依本公约规定获得的所有信息，评估各缔约方履行公约的情况和依照公约所采取措施的总体影响，特别是环境、经济和社会影响及其累计影响，以及当前在实现本公约的目标方面取得的进展；

（f）审议并通过关于本公约履行情况的定期报告，并确保予以发表；

（g）就任何事项作出为履行本公约所必需的建议；

（h）按照第四条第3、第4和第5款及第十一条，设法动员资金；

（i）设立其认为履行公约所必需的附属机构；

（j）审评其附属机构提出的报告，并向它们提供指导；

（k）以协商一致方式议定并通过缔约方会议和任何附属机构的议事规则和财务规则；

（l）酌情寻求和利用各主管国际组织和政府间及非政府机构提供的服务、合作和信息；和

（m）行使实现本公约目标所需的其他职能以及依本公约所赋予的所有其他职能。

3. 缔约方会议应在其第一届会议上通过其本身的议事规则以及本公约所设立的附属机构的议事规则，其中应包括关于本公约所述各种决策程序未予规定的事项的决策程序。这类程序可包括通过具体决定所需的特定多数。

4. 缔约方会议第一届会议应由第二十一条所述的临时秘书处召集，并应不迟于本公约生效日期后一年举行。其后，除缔约方会议另有决定外，缔约方会议的常会应年年举行。

5. 缔约方会议特别会议应在缔约方会议认为必要的其他时间举行，或应任何缔约方的书面要求而举行，但须在秘书处将该要求转达给各缔约方后六个月内得到至少三分之一缔约方的支持。

6. 联合国及其专门机构和国际原子能机构，以及它们的非为本公约缔约方的会员国或观察员，均可作为观察员出席缔约方会议的各届会议。任何在本公约所涉事项上具备资格的团体或机构，不管其为国家或国际的、政府或非政府的，经通知秘书处其愿意作为观察员出席缔约方会议的某届会议，均可予以接纳，除非出席的缔约方至少三分之一反对。观察员的接纳和参加应遵循缔约方会议通过的议事规则。

第八条　秘书处

1. 兹设立秘书处。

2. 秘书处的职能应为：

（a）安排缔约方会议及依本公约设立的附属机构的各届会议，并向它们提供所需的服务；

（b）汇编和转递向其提交的报告；

（c）便利应要求时协助各缔约方特别是发展中国家缔约方汇编和转递依本公约规定所需的信息；

（d）编制关于其活动的报告，并提交给缔约方会议；

（e）确保与其他有关国际机构的秘书处的必要协调；

（f）在缔约方会议的全面指导下订立为有效履行其职能而可能需要的行政和合同安排；和

（g）行使本公约及其任何议定书所规定的其他秘书处职能和缔约方会议可能决定的其

他职能。

3. 缔约方会议应在其第一届会议上指定一个常设秘书处，并为其行使职能作出安排。

第九条　附属科技咨询机构

1. 兹设立附属科学和技术咨询机构，就与公约有关的科学和技术事项，向缔约方会议并酌情向缔约方会议的其他附属机构及时提供信息和咨询。该机构应开放供所有缔约方参加，并应具有多学科性。该机构应由在有关专门领域胜任的政府代表组成。该机构应定期就其工作的一切方面向缔约方会议报告。

2. 在缔约方会议指导下和依靠现有主管国际机构，该机构应：

（a）就有关气候变化及其影响的最新科学知识提出评估；

（b）就履行公约所采取措施的影响进行科学评估；

（c）确定创新的、有效率的和最新的技术与专有技术，并就促进这类技术的发展和/或转让的途径与方法提供咨询；

（d）就有关气候变化的科学计划和研究与发展的国际合作，以及就支持发展中国家建立自生能力的途径与方法提供咨询；和

（e）答复缔约方会议及其附属机构可能向其提出的科学、技术和方法问题。

3. 该机构的职能和职权范围可由缔约方会议进一步制定。

第十条　附属履行机构

1. 兹设立附属履行机构，以协助缔约方会议评估和审评本公约的有效履行。该机构应开放供所有缔约方参加，并由为气候变化问题专家的政府代表组成。该机构应定期就其工作的一切方面向缔约方会议报告。

2. 在缔约方会议的指导下，该机构应：

（a）考虑依第十二条第 1 款提供的信息，参照有关气候变化的最新科学评估，对各缔约方所采取步骤的总体合计影响作出评估；

（b）考虑依第十二条第 2 款提供的信息，以协助缔约方会议进行第四条第 2 款（d）项所要求的审评；和

（c）酌情协助缔约方会议拟订和执行其决定。

第十一条　资金机制

1. 兹确定一个在赠予或转让基础上提供资金、包括用于技术转让的资金的机制。该机制应在缔约方会议的指导下行使职能并向其负责，并应由缔约方会议决定该机制与本公约有关的政策、计划优先顺序和资格标准。该机制的经营应委托一个或多个现有的国际实体负责。

2. 该资金机制应在一个透明的管理制度下公平和均衡地代表所有缔约方。

3. 缔约方会议和受托管资金机制的那个或那些实体应议定实施上述各款的安排，其中应包括：

（a）确保所资助的应付气候变化的项目符合缔约方会议所制定的政策、计划优先顺序和资格标准的办法；

（b）根据这些政策、计划优先顺序和资格标准重新考虑某项供资决定的办法；

（c）依循上述第1款所述的负责要求，由那个或那些实体定期向缔约方会议提供关于其供资业务的报告；

（d）以可预测和可认定的方式确定履行本公约所必需的和可以得到的资金数额，以及定期审评此一数额所应依据的条件。

4. 缔约方会议应在其第一届会议上作出履行上述规定的安排，同时审评并考虑到第二十一条第3款所述的临时安排，并应决定这些临时安排是否应予维持。在其后四年内，缔约方会议应对资金机制进行审评，并采取适当的措施。

5. 发达国家缔约方还可通过双边、区域性和其他多边渠道提供并由发展中国家缔约方获取与履行本公约有关的资金。

第十二条　提供有关履行的信息

1. 按照第四条第1款，每一缔约方应通过秘书处向缔约方会议提供含有下列内容的信息：

（a）在其能力允许的范围内，用缔约方会议所将推行和议定的可比方法编成的关于《蒙特利尔议定书》未予管制的所有温室气体的各种源的人为排放和各种汇的清除的国家清单；

（b）关于该缔约方为履行公约而采取或设想的步骤的一般性描述；和

（c）该缔约方认为与实现本公约的目标有关并且适合列入其所提供信息的任何其他信息，在可行情况下，包括与计算全球排放趋势有关的资料。

2. 附件一所列每一发达国家缔约方和每一其他缔约方应在其所提供的信息中列入下列各类信息：

（a）关于该缔约方为履行其第四条第2款（a）项和（b）项下承诺所采取政策和措施的详细描述；和

（b）关于本款（a）项所述政策和措施在第四条第2款（a）项所述期间对温室气体各种源的排放和各种汇的清除所产生影响的具体估计。

3. 此外，附件二所列每一发达国家缔约方和每一其他发达缔约方应列入按照第四条第3、第4和第5款所采取措施的详情。

4. 发展中国家缔约方可在自愿基础上提出需要资助的项目，包括为执行这些项目所需要的具体技术、材料、设备、工艺或做法，在可能情况下并附上对所有增加的费用、温室气体排放的减少量及其清除的增加量的估计，以及对其所带来效益的估计。

5. 附件一所列每一发达国家缔约方和每一其他缔约方应在公约对该缔约方生效后六个月内第一次提供信息。未列入该附件的每一缔约方应在公约对该缔约方生效后或按照第四条第3款获得资金后三年内第一次提供信息。最不发达国家缔约方可自行决定何时第一次提供信息。其后所有缔约方提供信息的频度应由缔约方会议考虑到本款所规定的差别时间表予以确定。

6. 各缔约方按照本条提供的信息应由秘书处尽速转交给缔约方会议和任何有关的附属机构。如有必要，提供信息的程序可由缔约方会议进一步考虑。

7. 缔约方会议从第一届会议起，应安排向有此要求的发展中国家缔约方提供技术和资金支持，以汇编和提供本条所规定的信息，和确定与第四条规定的所拟议的项目和应对措施相联系的技术和资金需要。这些支持可酌情由其他缔约方、主管国际组织和秘书处提供。

8. 任何一组缔约方遵照缔约方会议制定的指导方针并经事先通知缔约方会议，可以联合提供信息来履行其在本条下的义务，但这样提供的信息须包括关于其中每一缔约方履行其在本公约下的各自义务的信息。

9. 秘书处收到的经缔约方按照缔约方会议制订的标准指明为机密的信息，在提供给任何参与信息的提供和审评的机构之前，应由秘书处加以汇总，以保护其机密性。

10. 在不违反上述第 9 款，并且不妨碍任何缔约方在任何时候公开其所提供信息的能力的情况下，秘书处应将缔约方按照本条提供的信息在其提交给缔约方会议的同时予以公开。

第十三条　解决与履行有关的问题

缔约方会议应在其第一届会议上考虑设立一个解决与公约履行有关的问题的多边协商程序，供缔约方有此要求时予以利用。

第十四条　争端的解决

1. 任何两个或两个以上缔约方之间就本公约的解释或适用发生争端时，有关的缔约方应寻求通过谈判或它们自己选择的任何其他和平方式解决该争端。

2. 非为区域经济一体化组织的缔约方在批准、接受、核准或加入本公约时，或在其后任何时候，可在交给保存人的一份文书中声明，关于本公约的解释或适用方面的任何争端，承认对于接受同样义务的任何缔约方，下列义务为当然而具有强制性的，无须另订特别协议：

（a）将争端提交国际法院，和/或

（b）按照将由缔约方会议尽早通过的、载于仲裁附件中的程序进行仲裁。

作为区域经济一体化组织的缔约方可就依上述（b）项中所述程序进行仲裁发表类似声明。

3. 根据上述第 2 款所作的声明，在其所载有效期期满前，或在书面撤回通知交存于保存人后的三个月内，应一直有效。

4. 除非争端各当事方另有协议，新作声明、作出撤回通知或声明有效期满丝毫不得影响国际法院或仲裁庭正在进行的审理。

5. 在不影响上述第 2 款运作的情况下，如果一缔约方通知另一缔约方它们之间存在争端，过了十二个月后，有关的缔约方尚未能通过上述第 1 款所述方法解决争端，经争端的任何当事方要求，应将争端提交调解。

6. 经争端一当事方要求，应设立调解委员会。调解委员会应由每一当事方委派的数目相同的成员组成。主席由每一当事方委派的成员共同推选。调解委员会应作出建议性裁决。各当事方应善意考虑之。

7. 有关调解的补充程序应由缔约方会议尽早以调解附件的形式予以通过。

8. 本条各项规定应适用于缔约方会议可能通过的任何相关法律文书，除非该文书另有规定。

第十五条　公约的修正

1. 任何缔约方均可对本公约提出修正。

2. 对本公约的修正应在缔约方会议的一届常会上通过。对本公约提出的任何修正案文应由秘书处在拟议通过该修正的会议之前至少六个月送交各缔约方。秘书处还应将提出的修正送交本公约各签署方，并送交保存人以供参考。

3. 各缔约方应尽一切努力以协商一致方式就对本公约提出的任何修正达成协议。如为谋求协商一致已尽了一切努力，仍未达成协议，作为最后的方式，该修正应以出席会议并参加表决的缔约方四分之三多数票通过。通过的修正应由秘书处送交保存人，再由保存人转送所有缔约方供其接受。

4. 对修正的接受文书应交存于保存人。按照上述第 3 款通过的修正，应于保存人收到本公约至少四分之三缔约方的接受文书之日后第九十天起对接受该修正的缔约方生效。

5. 对于任何其他缔约方，修正应在该缔约方向保存人交存接受该修正的文书之日后第九十天起对其生效。

6. 为本条的目的，"出席并参加表决的缔约方"是指出席并投赞成票或反对票的缔约方。

第十六条　公约附件的通过和修正

1. 本公约的附件应构成本公约的组成部分，除另有明文规定外，凡提到本公约时即同时提到其任何附件。在不妨害第十四条第 2 款（b）项和第 7 款规定的情况下，这些附件应限于清单、表格和任何其他属于科学、技术、程序或行政性质的说明性资料。

2. 本公约的附件应按照第十五条第 2、第 3 和第 4 款中规定的程序提出和通过。

3. 按照上述第 2 款通过的附件，应于保存人向公约的所有缔约方发出关于通过该附件的通知之日起六个月后对所有缔约方生效，但在此期间以书面形式通知保存人不接受该附件的缔约方除外。对于撤回其不接受的通知的缔约方，该附件应自保存人收到撤回通知之日后第九十天起对其生效。

4. 对公约附件的修正的提出、通过和生效，应依照上述第 2 和第 3 款对公约附件的提出、通过和生效规定的同一程序进行。

5. 如果附件或对附件的修正的通过涉及对本公约的修正，则该附件或对附件的修正应待对公约的修正生效之后方可生效。

第十七条 议定书

1. 缔约方会议可在任何一届常会上通过本公约的议定书。

2. 任何拟议的议定书案文应由秘书处在举行该届会议至少六个月之前送交各缔约方。

3. 任何议定书的生效条件应由该文书加以规定。

4. 只有本公约的缔约方才可成为议定书的缔约方。

5. 任何议定书下的决定只应由该议定书的缔约方作出。

第十八条 表决权

1. 除下述第 2 款所规定外，本公约每一缔约方应有一票表决权。

2. 区域经济一体化组织在其权限内的事项上应行使票数与其作为本公约缔约方的成员国数目相同的表决权。如果一个此类组织的任一成员国行使自己的表决权，则该组织不得行使表决权，反之亦然。

第十九条 保存人

联合国秘书长应为本公约及按照第十七条通过的议定书的保存人。

第二十条 签　署

本公约应于联合国环境与发展会议期间在里约热内卢，其后自 1992 年 6 月 20 日至 1993 年 6 月 19 日在纽约联合国总部，开放供联合国会员国或任何联合国专门机构的成员国或《国际法院规约》的当事国和各区域经济一体化组织签署。

第二十一条 临时安排

1. 在缔约方会议第一届会议结束前，第八条所述的秘书处职能将在临时基础上由联合国大会 1990 年 12 月 21 日第 45/212 号决议所设立的秘书处行使。

2. 上述第 1 款所述的临时秘书处首长将与政府间气候变化专门委员会密切合作，以确保该委员会能够对提供客观科学和技术咨询的要求作出反应。也可以咨询其他有关的科学机构。

3. 在临时基础上，联合国开发计划署、联合国环境规划署和国际复兴开发银行的"全球环境融资"应为受托经营第十一条所述资金机制的国际实体。在这方面，"全球环境融资"应予适当改革，并使其成员具有普遍性，以使其能满足第十一条的要求。

第二十二条 批准、接受、核准或加入

1. 本公约须经各国和各区域经济一体化组织批准、接受、核准或加入。公约应自签署截止日之次日起开放供加入。批准、接受、核准或加入的文书应交存于保存人。

2. 任何成为本公约缔约方而其成员国均非缔约方的区域经济一体化组织应受本公约一切义务的约束。如果此类组织的一个或多个成员国为本公约的缔约方，该组织及其成员

国应决定各自在履行公约义务方面的责任。在此种情况下，该组织及其成员国无权同时行使本公约规定的权利。

3. 区域经济一体化组织应在其批准、接受、核准或加入的文书中声明其在本公约所规定事项上的权限。此类组织还应将其权限范围的任何重大变更通知保存人，再由保存人通知各缔约方。

第二十三条　生　效

1. 本公约应自第五十份批准、接受、核准或加入的文书交存之日后第九十天起生效。

2. 对于在第五十份批准、接受、核准或加入的文书交存之后批准、接受、核准或加入本公约的每一国家或区域经济一体化组织，本公约应自该国或该区域经济一体化组织交存其批准、接受、核准或加入的文书之日后第九十天起生效。

3. 为上述第 1 和第 2 款的目的，区域经济一体化组织所交存的任何文书不应被视为该组织成员国所交存文书之外的额外文书。

第二十四条　保　留

对本公约不得作任何保留

第二十五条　退　约

1. 自本公约对一缔约方生效之日起三年后，该缔约方可随时向保存人发出书面通知退出本公约。

2. 任何退出应自保存人收到退出通知之日起一年期满时生效，或在退出通知中所述明的更后日期生效。

3. 退出本公约的任何缔约方，应被视为亦退出其作为缔约方的任何议定书。

第二十六条　作准文本

本公约正本应交存于联合国秘书长，其阿拉伯文、中文、英文、法文、俄文和西班牙文文本同为作准。

下列签署人，经正式授权，在本公约上签字，以昭信守。

一九九二年五月九日订于纽约。

附件一

澳大利亚

奥地利

白俄罗斯[a/]

比利时

保加利亚[a/]

加拿大

克罗地亚[a/]*

捷克共和国[a/]*

丹麦

欧洲共同体

爱沙尼亚[a/]

芬兰

法国

德国

希腊

匈牙利[a/]

冰岛

爱尔兰

意大利

日本

拉脱维亚[a/]

列支敦士登*

立陶宛[a/]

卢森堡

摩纳哥*

荷兰

新西兰

挪威

波兰 [a/]

葡萄牙

罗马尼亚[a/]

俄罗斯联邦[a/]

[a/]正在朝市场经济过渡的国家。

*印发说明：标有*号的国家是按照缔约方会议第三届会议第4/CP.3号决定，经1998年8月13日生效的修正案增加列入附件一的国家。

斯洛伐克[a]　*

斯洛文尼亚[a]　*

西班牙

瑞典

瑞士

土耳其

乌克兰[a]

大不列颠及北爱尔兰联合王国

美利坚合众国

附件二

澳大利亚
奥地利
比利时
加拿大
丹麦
欧洲共同体
芬兰
法国
德国
希腊
冰岛
爱尔兰
意大利
日本
卢森堡
荷兰
新西兰
挪威
葡萄牙
西班牙
瑞典
瑞士
大不列颠及北爱尔兰联合王国
美利坚合众国

　　印发说明：按照缔约方会议第七届会议第 26/CP. 7 号决定，2002 年 6 月 28 日生效的一项修正案将土耳其从附件二中删除。

《联合国气候变化框架公约》京都议定书

本议定书各缔约方，

作为《联合国气候变化框架公约》(以下简称《公约》)缔约方，

为实现《公约》第二条所述的最终目标，

忆及《公约》的各项规定，

在《公约》第三条的指导下，

按照《公约》缔约方会议第一届会议在第 1/CP.1 号决定中通过的"柏林授权"，兹协议如下：

第一条

为本议定书的目的，《公约》第一条所载定义应予适用。此外：

1. "缔约方会议"指《公约》缔约方会议。

2. "公约"指 1992 年 5 月 9 日在纽约通过的《联合国气候变化框架公约》。

3. "政府间气候变化专门委员会"指世界气象组织和联合国环境规划署 1988 年联合设立的政府间气候变化专门委员会。

4. "蒙特利尔议定书"指 1987 年 9 月 16 日在蒙特利尔通过、后经调整和修正的《关于消耗臭氧层物质的蒙特利尔议定书》。

5. "出席并参加表决的缔约方"指出席会议并投赞成票或反对票的缔约方。

6. "缔约方"指本议定书缔约方，除非文中另有说明。

7. "附件一所列缔约方"指《公约》附件一所列缔约方，包括可能作出的修正，或指根据《公约》第四条第 2 款(g)项作出通知的缔约方。

第二条

1. 附件一所列每一缔约方，在实现第三条所述关于其量化的限制和减少排放的承诺时，为促进可持续发展，应：

(a)根据本国情况执行和/或进一步制订政策和措施，诸如：

(一)增强本国经济有关部门的能源效率；

(二)保护和增强《蒙特利尔议定书》未予管制的温室气体的汇和库，同时考虑到其依有关的国际环境协议作出的承诺；促进可持续森林管理的做法、造林和再造林；

(三)在考虑到气候变化的情况下促进可持续农业方式；

(四)研究、促进、开发和增加使用新能源和可再生的能源、二氧化碳固碳技术和有益于环境的先进的创新技术；

注：《京都议定书》于 1997 年达成。

（五）逐渐减少或逐步消除所有的温室气体排放部门违背《公约》目标的市场缺陷、财政激励、税收和关税免除及补贴，并采用市场手段；

（六）鼓励有关部门的适当改革，旨在促进用以限制或减少《蒙特利尔议定书》未予管制的温室气体的排放的政策和措施；

（七）采取措施在运输部门限制和/或减少《蒙特利尔议定书》未予管制的温室气体排放；

（八）通过废物管理及能源的生产、运输和分配中的回收和利用限制和/或减少甲烷排放；

（b）根据《公约》第四条第2款（e）项第（一）目，同其它此类缔约方合作，以增强它们依本条通过的政策和措施的个别和合并的有效性。为此目的，这些缔约方应采取步骤分享它们关于这些政策和措施的经验并交流信息，包括设法改进这些政策和措施的可比性、透明度和有效性，作为本议定书缔约方会议的《公约》缔约方会议，应在第一届会议上或在此后一旦实际可行时，审议便利这种合作的方法，同时考虑到所有相关信息。

2. 附件一所列缔约方应分别通过国际民用航空组织和国际海事组织作出努力，谋求限制或减少航空和航海舱载燃料产生的《蒙特利尔议定书》未予管制的温室气体的排放。

3. 附件一所列缔约方应以下述方式努力履行本条中所指政策和措施，即最大限度地减少各种不利影响，包括对气候变化的不利影响、对国际贸易的影响，以及对其它缔约方——尤其是发展中国家缔约方和《公约》第四条第8款和第9款中所特别指明的那些缔约方的社会、环境和经济影响，同时考虑到《公约》第三条。作为本议定书缔约方会议的《公约》缔约方会议可以酌情采取进一步行动促进本款规定的实施。

4. 作为本议定书缔约方会议的《公约》缔约方会议如断定就上述第1款（a）项中所指任何政策和措施进行协调是有益的，同时考虑到不同的国情和潜在影响，应就阐明协调这些政策和措施的方式和方法进行审议。

第三条

1. 附件一所列缔约方应个别地或共同地确保其在附件 A 中所列温室气体的人为二氧化碳当量排放总量不超过按照附件 B 中所载其量化的限制和减少排放的承诺和根据本条的规定所计算的其分配数量，以使其在 2008 年至 2012 年承诺期内这些气体的全部排放量从 1990 年水平至少减少 5%。

2. 附件一所列每一缔约方到 2005 年时，应在履行其依本议定书规定的承诺方面作出可予证实的进展。

3. 自 1990 年以来直接由人引起的土地利用变化和林业活动——限于造林、重新造林和砍伐森林——产生的温室气体源的排放和汇的清除方面的净变化，作为每个承诺期碳贮存方面可核查的变化来衡量，应用以实现附件一所列每一缔约方依本条规定的承诺。与这些活动相关的温室气体源的排放和汇的清除，应以透明且可核查的方式作出报告，并依第七条和第八条予以审评。

4. 在作为本议定书缔约方会议的《公约》缔约方会议第一届会议之前，附件一所列每缔约方应提供数据供附属科技咨询机构审议，以便确定其 1990 年的碳贮存并能对其以后各年的碳贮存方面的变化作出估计。作为本议定书缔约方会议的《公约》缔约方会议，应在第一届会议或在其后一旦实际可行时，就涉及与农业土壤和土地利用变化和林业类各种温室气体源的排放和各种汇的清除方面变化有关的哪些因人引起的其它活动，应如何加到附件一所列缔约方的分配数量中或从中减去的方式、规则和指南作出决定，同时考虑到各种不确定性、报告的透明度、可核查性、政府间气候变化专门委员会方法学方面的工作、附属科技咨询机构根据第五条提供的咨询意见以及《公约》缔约方会议的决定。此项决定应适用于第二个和以后的承诺期。一缔约方可为其第一个承诺期这些额外的因人引起的活动选择适用此项决定，但这些活动须自 1990 年以来已经进行。

5. 其基准年或基准期系根据《公约》缔约方会议第二届会议第 9/CP.2 号决定确定的、正在向市场经济过渡的附件一所列缔约方，为履行其依本条规定的承诺，应使用该基准年或基准期。正在向市场经济过渡但尚未依《公约》第十二条提交其第一次国家信息通报的附件一所列任何其它缔约方，也可通知作为本议定书缔约方会议的《公约》缔约方会议，它有意为履行其依本条规定的承诺使用除 1990 年以外的某一历史基准年或基准期。作为本议定书缔约方会议的《公约》缔约方会议应就此种通知的接受与否作出决定。

6. 考虑到《公约》第四条第 6 款，作为本议定书缔约方会议的《公约》缔约方会议，应允许正在向市场经济过渡的附件一所列缔约方在履行其除本条规定的那些承诺以外的承诺方面有一定程度的灵活性。

7. 在从 2008 年至 2012 年第一个量化的限制和减少排放的承诺期内，附件一所列每一缔约方的分配数量应等于在附件 B 中对附件 A 所列温室气体在 1990 年或按照上述第 5 款确定的基准年或基准期内其人为二氧化碳当量的排放总量所载的其百分比乘以 5。土地利用变化和林业对其构成 1990 年温室气体排放净源的附件一所列那些缔约方，为计算其分配数量的目的，应在它们 1990 年排放基准年或基准期计入各种源的人为二氧化碳当量排放总量减去 1990 年土地利用变化产生的各种汇的清除。

8. 附件一所列任一缔约方，为上述第 7 款所指计算的目的，可使用 1995 年作为其氢氟碳化物、全氟化碳和六氟化硫的基准年。

9. 附件一所列缔约方对以后期间的承诺应在对本议定书附件 B 的修正中加以确定，此类修正应根据第二十一条第 7 款的规定予以通过。作为本议定书缔约方会议的《公约》缔约方会议应至少在上述第 1 款中所指第一个承诺期结束之前七年开始审议此类承诺。

10. 一缔约方根据第六条或第十七条的规定从另一缔约方获得的任何减少排放单位或一个分配数量的任何部分，应计入获得缔约方的分配数量。

11. 一缔约方根据第六条和第十七条的规定转让给另一缔约方的任何减少排放单位或一个分配数量的任何部分，应从转让缔约方的分配数量中减去。

12. 一缔约方根据第十二条的规定从另一缔约方获得的任何经证明的减少排放，应记入获得缔约方的分配数量。

13. 如附件一所列一缔约方在一承诺期内的排放少于其依本条确定的分配数量，此种差额，应该缔约方要求，应记入该缔约方以后的承诺期的分配数量。

14. 附件一所列每一缔约方应以下述方式努力履行上述第一款的承诺，即最大限度地减少对发展中国家缔约方、尤其是《公约》第四条第 8 款和第 9 款所特别指明的那些缔约方不利的社会、环境和经济影响。依照《公约》缔约方会议关于履行这些条款的相关决定，作为本议定书缔约方会议的《公约》缔约方会议，应在第一届会议上审议可采取何种必要行动以尽量减少气候变化的不利后果和/或对应措施对上述条款中所指缔约方的影响。须予审议的问题应包括资金筹措、保险和技术转让。

第四条

1. 凡订立协定共同履行其依第三条规定的承诺的附件一所列任何缔约方，只要其依附件 A 中所列温室气体的合并的人为二氧化碳当量排放总量不超过附件 B 中所载根据其量化的限制和减少排放的承诺和根据第三条规定所计算的分配数量，就应被视为履行了这些承诺。分配给该协定每一缔约方的各自排放水平应载明于该协定。

2. 任何此类协定的各缔约方应在它们交存批准、接受或核准本议定书或加入本议定书之日将该协定内容通知秘书处。其后秘书处应将该协定内容通知《公约》缔约方和签署方。

3. 任何此类协定应在第三条第 7 款所指承诺期的持续期间内继续实施。

4. 如缔约方在一区域经济一体化组织的框架内并与该组织一起共同行事，该组织的组成在本议定书通过后的任何变动不应影响依本议定书规定的现有承诺。该组织在组成上的任何变动只应适用于那些继该变动后通过的依第三条规定的承诺。

5. 一旦该协定的各缔约方未能达到它们的总的合并减少排放水平，此类协定的每一缔约方应对该协定中载明的其自身的排放水平负责。

6. 如缔约方在一个本身为议定书缔约方的区域经济一体化组织的框架内并与该组织一起共同行事，该区域经济一体化组织的每一成员国单独地并与按照第二十四条行事的区域经济一体化组织一起，如未能达到总的合并减少排放水平，则应对依本条所通知的其排放水平负责。

第五条

1. 附件一所列每一缔约方，应在不迟于第一个承诺期开始前一年，确立一个估算《蒙特利尔议定书》未予管制的所有温室气体的各种源的人为排放和各种汇的清除的国家体系。应体现下述第 2 款所指方法学的此类国家体系的指南，应由作为本议定书缔约方会议的《公约》缔约方会议第一届会议予以决定。

2. 估算《蒙特利尔议定书》未予管制的所有温室气体的各种源的人为排放和各种汇的清除的方法学，应是由政府间气候变化专门委员会所接受经《公约》缔约方会议第三届会议所议定者。如不使用这种方法学，则应根据作为本议定书缔约方会议的《公约》缔约方会议第一届会议所议定的方法学作出适当调整。作为本议定书缔约方会议的《公约》缔约方会议，除其它外，应基于政府间气候变化专门委员会的工作和附属科技咨询机构提供的咨询意见，定期审评和酌情修订这些方法学和作出调整，同时充分考虑到《公约》缔约方会议作出的任何有关决定。对方法学的任何修订或调整，应只用于为了在继该修订后通过的任何承诺期内确定依第三条规定的承诺的遵守情况。

3. 用以计算附件 A 所列温室气体的各种源的人为排放和各种汇的清除的全球升温潜能值，应是由政府间气候变化专门委员会所接受并经《公约》缔约方会议第三届会议所议定者。作为本议定书缔约方会议的《公约》缔约方会议，除其它外，应基于政府间气候变化专门委员会的工作和附属科技咨询机构提供的咨询意见；定期审评和酌情修订每种此类温室气体的全球升温潜能值，同时充分考虑到《公约》缔约方会议作出的任何有关决定。对全球升温潜能值的任何修订，应只适用于继该修订后所通过的任何承诺期依第三条规定的承诺。

第六条

1. 为履行第三条的承诺的目的，附件一所列任一缔约方可以向任何其它此类缔约方转让或从它们获得由任何经济部门旨在减少温室气体的各种源的人为排放或增强各种汇的人为清除的项目所产生的减少排放单位，但：

（a）任何此类项目须经有关缔约方批准；

（b）任何此类项目须能减少源的排放，或增强汇的清除，这一减少或增强对任何以其它方式发生的减少或增强是额外的；

（c）缔约方如果不遵守其依第五条和第七条规定的义务，则不可以获得任何减少排放单位；

（d）减少排放单位的获得应是对为履行依第三条规定的承诺而采取的本国行动的补充。

2. 作为本议定书缔约方会议的《公约》缔约方会议，可在第一届会议或在其后一旦实际可行时，为履行本条、包括为核查和报告进一步制订指南。

3. 附件一所列一缔约方可以授权法律实体在该缔约方的负责下参加可导致依本条产生、转让或获得减少排放单位的行动。

4. 如依第八条的有关规定查明附件一所列一缔约方履行本条所指的要求有问题，减少排放单位的转让和获得在查明问题后可继续进行，但在任何遵守问题获得解决之前，一缔约方不可使用任何减少排放单位来履行其依第三条的承诺。

第七条

1. 附件一所列每一缔约方应在其根据《公约》缔约方会议的相关决定提交的《蒙特利尔协定书》未予管制的温室气体的各种源的人为排放和各种汇的清除的年度清单内，载列将根据下述第 4 款确定的为确保遵守第三条的目的而必要的补充信息。

2. 附件一所列每一缔约方应在其依《公约》第十二条提交的国家信息通报中载列根据下述第 4 款确定的必要的补充信息，以示其遵守本议定书所规定承诺的情况。

3. 附件一所列每一缔约方应自本议定书对其生效后的承诺期第一年根据《公约》提交第一次清单始，每年提交上述第 1 款所要求的信息。每一此类缔约方应提交上述第 2 款所要求的信息，作为在本议定书对其生效后和在依下述第 4 款规定通过指南后应提交的第一次国家信息通报的一部分。其后提交本条所要求的信息的频度，应由作为本议定书缔约方会议的《公约》缔约方会议予以确定，同时考虑到《公约》缔约方会议就提交国家信息通报所决定的任何时间表。

4. 作为本议定书缔约方会议的《公约》缔约方会议，应在第一届会议上通过并在其后定期审评编制本条所要求信息的指南，同时考虑到《公约》缔约方会议通过的附件一所列缔约方编制国家信息通报的指南。作为本议定书缔约方会议的《公约》缔约方会议，还应在第一个承诺期之前就计算分配数量的方式作出决定。

第八条

1. 附件一所列每一缔约方依第七条提交的国家信息通报，应由专家审评组根据《公约》缔约方会议相关决定并依照作为本议定书缔约方会议的《公约》缔约方会议依下述第4款为此目的所通过的指南予以审评。附件一所列每一缔约方依第七条第1款提交的信息，应作为排放清单和分配数量的年度汇编和计算的一部分予以审评。此外，附件一所列每一缔约方依第七条第2款提交的信息，应作为信息通报审评的一部分予以审评。

2. 专家审评组应根据《公约》缔约方会议为此目的提供的指导，由秘书处进行协调，并由从《公约》缔约方和在适当情况下政府间组织提名的专家中遴选出的成员组成。

3. 审评过程应对一缔约方履行本议定书的所有方面作出彻底和全面的技术评估。专家审评组应编写一份报告提交作为本议定书缔约方会议的《公约》缔约方会议，在报告中评估该缔约方履行承诺的情况并指明在实现承诺方面任何潜在的问题以及影响实现承诺的各种因素。此类报告应由秘书处分送《公约》的所有缔约方。秘书处应列明此类报告中指明的任何履行问题，以供作为本议定书缔约方会议的《公约》缔约方会议予以进一步审议。

4. 作为本议定书缔约方会议的《公约》缔约方会议，应在第一届会议上通过并在其后定期审评关于由专家审评组审评本议定书履行情况的指南，同时考虑到《公约》缔约方会议的相关决定。

5. 作为本议定书缔约方会议的《公约》缔约方会议，应在附属履行机构并酌情在附属科技咨询机构的协助下审议：

（a）缔约方按照第七条提交的信息和按照本条进行的专家审评的报告；

（b）秘书处根据上述第3款列明的那些履行问题，以及缔约方提出的任何问题。

6. 根据对上述第5款所指信息的审议情况，作为本议定书缔约方会议的《公约》缔约方会议，应就任何事项作出为履行本议定书所要求的决定。

第九条

1. 作为本议定书缔约方会议的《公约》缔约方会议，应参照可以得到的关于气候变化及其影响的最佳科学信息和评估，以及相关的技术、社会和经济信息，定期审评本议定书。这些审评应同依《公约》、特别是《公约》第四条第2款（d）项和第七条第2款（a）项所要求的那些相关审评进行协调。在这些审评的基础上，作为本议定书缔约方会议的《公约》缔约方会议应采取适当行动。

2. 第一次审评应在作为本议定书缔约方会议的《公约》缔约方会议第二届会议上进行，进一步的审评应定期适时进行。

第十条

所有缔约方，考虑到它们的共同但有区别的责任以及它们特殊的国家和区域发展优先顺序、目标和情况，在不对未列入附件一的缔约方引入任何新的承诺、但重申依《公约》第四条第 1 款规定的现有承诺并继续促进履行这些承诺以实现可持续发展的情况下，考虑到《公约》第四条第 3 款、第 5 款和第 7 款，应：

（a）在相关时并在可能范围内，制订符合成本效益的国家的方案以及在适当情况下区域的方案，以改进可反映每一缔约方社会经济状况的地方排放因素、活动数据和/或模式的质量，用以编制和定期更新《蒙特利尔议定书》未予管制的温室气体的各种源的人为排放和各种汇的清除的国家清单，同时采用将由《公约》缔约方会议议定的可比方法，并与《公约》缔约方会议通过的国家信息通报编制指南相一致；

（b）制订、执行、公布和定期更新载有减缓气候变化措施和有利于充分适应气候变化措施的国家的方案以及在适当情况下区域的方案：

（一）此类方案，除其它外，将涉及能源、运输和工业部门以及农业、林业和废物管理。此外，旨在改进地区规划的适应技术和方法也可改善对气候变化的适应；

（二）附件一所列缔约方应根据第七条提交依本议定书采取的行动、包括国家方案的信息；其它缔约方应努力酌情在它们的国家信息通报中列入载有缔约方认为有助于对付气候变化及其不利影响的措施，包括减缓温室气体排放的增加以及增强汇和汇的清除、能力建设和适应措施的方案的信息；

（c）合作促进有效方式用以开发、应用和传播与气候变化有关的有益于环境的技术、专有技术、做法和过程，并采取一切实际步骤促进、便利和酌情资助将此类技术、专有技术、做法和过程特别转让给发展中国家或使它们有机会获得，包括制订政策和方案，以便利有效转让公有或公共支配的有益于环境的技术，并为私有部门创造有利环境以促进和增进转让和获得有益于环境的技术；

（d）在科学技术研究方面进行合作，促进维持和发展有系统的观测系统并发展数据库，以减少与气候系统相关的不确定性、气候变化的不利影响和各种应对战略的经济和社会后果，并促进发展和加强本国能力以参与国际及政府间关于研究和系统观测方面的努力、方案和网络，同时考虑到《公约》第五条；

（e）在国际一级合作并酌情利用现有机构，促进拟订和实施教育及培训方案，包括加强本国能力建设，特别是加强人才和机构能力、交流或调派人员培训这一领域的专家，尤其是培训发展中国家的专家，并在国家一级促进公众意识和促进公众获得有关气候变化的信息。应发展适当方式通过《公约》的相关机构实施这些活动，同时考虑到《公约》第六条；

（f）根据《公约》缔约方会议的相关决定，在国家信息通报中列入按照本条进行的方案和活动；

（g）在履行依本条规定的承诺方面，充分考虑到《公约》第四条第 8 款。

第十一条

1. 在履行第十条方面，缔约方应考虑到《公约》第四条第 4 款、第 5 款、第 7 款、第 8 款和第 9 款的规定。

2. 在履行《公约》第四条第 1 款的范围内，根据《公约》第四条第 3 款和第十一条的规定，并通过受托经营《公约》资金机制的实体，《公约》附件二所列发达国家缔约方和其它发达缔约方应：

（a）提供新的和额外的资金，以支付经议定的发展中国家为促进履行第十条(a)项所述《公约》第四条第 1 款(a)项规定的现有承诺而招致的全部费用；

（b）并提供发展中国家缔约方所需要的资金，包括技术转让的资金，以支付经议定的为促进履行第十条所述依《公约》第四条第 1 款规定的现有承诺并经一发展中国家缔约方与《公约》第十一条所指那个或那些国际实体根据该条议定的全部增加费用。

这些现有承诺的履行应考虑到资金流量应充足和可以预测的必要性，以及发达国家缔约方间适当分摊负担的重要性。《公约》缔约方会议相关决定中对受托经营《公约》资金机制的实体所作的指导，包括本议定书通过之前议定的那些指导，应比照适用于本款的规定。

3.《公约》附件二所列发达国家缔约方和其它发达缔约方也可以通过双边、区域和其它多边渠道提供并由发展中国家缔约方获取履行第十条的资金。

第十二条

1. 兹此确定一种清洁发展机制。

2. 清洁发展机制的目的是协助未列入附件一的缔约方实现可持续发展和有益于《公约》的最终目标，并协助附件一所列缔约方实现遵守第三条规定的其量化的限制和减少排放的承诺。

3. 依清洁发展机制：

（a）未列入附件一的缔约方将获益于产生经证明的减少排放的项目活动；

（b）附件一所列缔约方可以利用通过此种项目活动获得的经证明的减少排放，促进遵守由作为本议定书缔约方会议的《公约》缔约方会议确定的依第三条规定的其量化的限制和减少排放的承诺之一部分。

4. 清洁发展机制应置于由作为本议定书缔约方会议的《公约》缔约方会议的权力和指导之下，并由清洁发展机制的执行理事会监督。

5. 每一项目活动所产生的减少排放，须经作为本议定书缔约方会议的《公约》缔约方会议指定的经营实体根据以下各项作出证明：

（a）经每一有关缔约方批准的自愿参加；

（b）与减缓气候变化相关的实际的、可测量的和长期的效益；

（c）减少排放对于在没有进行经证明的项目活动的情况下产生的任何减少排放而言是额外的。

6. 如有必要，清洁发展机制应协助安排经证明的项目活动的筹资。

7. 作为本议定书缔约方会议的《公约》缔约方会议，应在第一届会议上拟订方式和程序，以期通过对项目活动的独立审计和核查，确保透明度、效率和可靠性。

8. 作为本议定书缔约方会议的《公约》缔约方会议，应确保经证明的项目活动所产生的部分收益用于支付行政开支和协助特别易受气候变化不利影响的发展中国家缔约方支付适应费用。

9. 对于清洁发展机制的参与，包括对上述第 3 款（a）项所指的活动及获得经证明的减少排放的参与，可包括私有和/或公有实体，并须遵守清洁发展机制执行理事会可能提出的任何指导。

10. 在自 2000 年起至第一个承诺期开始这段时期内所获得的经证明的减少排放，可用以协助在第一个承诺期内的遵约。

第十三条

1.《公约》缔约方会议——《公约》的最高机构，应作为本议定书缔约方会议。

2. 非为本议定书缔约方的《公约》缔约方，可作为观察员参加作为本议定书缔约方会议的《公约》缔约方会议任何届会的议事工作。在《公约》缔约方会议作为本议定书缔约方会议行使职能时，在本议定书之下的决定只应由为本议定书缔约方者作出。

3. 在《公约》缔约方会议作为本议定书缔约方会议行使职能时，《公约》缔约方会议主席团中代表《公约》缔约方但在当时非为本议定书缔约方的任何成员，应由本议定书缔约方从本议定书缔约方中选出的另一成员替换。

4. 作为本议定书缔约方会议的《公约》缔约方会议，应定期审评本议定书的履行情况，并应在其权限内作出为促进本议定书有效履行所必要的决定。缔约方会议应履行本议定书赋予它的职能，并应：

（a）基于依本议定书的规定向它提供的所有信息，评估缔约方履行本议定书的情况及根据本议定书采取的措施的总体影响，尤其是环境、经济、社会的影响及其累积的影响，以及在实现《公约》目标方面取得进展的程度；

（b）根据《公约》的目标、在履行中获得的经验及科学技术知识的发展，定期审查本议定书规定的缔约方义务，同时适当顾及《公约》第四条第 2 款（d）项和第七条第 2 款所要求的任何审评，并在此方面审议和通过关于本议定书履行情况的定期报告；

（c）促进和便利就各缔约方为对付气候变化及其影响而采取的措施进行信息交流，同时考虑到缔约方的有差别的情况、责任和能力，以及它们各自依本议定书规定的承诺；

（d）应两个或更多缔约方的要求，便利将这些缔约方为对付气候变化及其影响而采取的措施加以协调，同时考虑到缔约方的有差别的情况、责任和能力，以及它们各自依本议定书规定的承诺；

（e）依照《公约》的目标和本议定书的规定，并充分考虑到《公约》缔约方会议的相关决定，促进和指导发展和定期改进由作为本议定书缔约方会议的《公约》缔约方会议议定的、旨在有效履行本议定书的可比较的方法学；

（f）就任何事项作出为履行本议定书所必需的建议；

（g）根据第十一条第 2 款，设法动员额外的资金；

（h）设立为履行本议定书而被认为必要的附属机构；

（i）酌情寻求和利用各主管国际组织和政府间及非政府机构提供的服务、合作和信息；

（j）行使为履行本议定书所需的其它职能，并审议《公约》缔约方会议的决定所导致的任何任务。

5.《公约》缔约方会议的议事规则和依《公约》规定采用的财务规则，应在本议定书下比照适用，除非作为本议定书缔约方会议的《公约》缔约方会议以协商一致方式可能另外作出决定。

6. 作为本议定书缔约方会议的《公约》缔约方会议第一届会议，应由秘书处结合本议定书生效后预定举行的《公约》缔约方会议第一届会议召开。其后作为本议定书缔约方会议的《公约》缔约方会议常会，应每年并且与《公约》缔约方会议常会结合举行，除非作为本议定书缔约方会议的《公约》缔约方会议另有决定。

7. 作为本议定书缔约方会议的《公约》缔约方会议的特别会议，应在作为本议定书缔约方会议的《公约》缔约方会议认为必要的其它时间举行，或应任何缔约方的书面要求而举行，但须在秘书处将该要求转达给各缔约方后六个月内得到至少三分之一缔约方的支持。

8. 联合国及其专门机构和国际原子能机构，以及它们的非为《公约》缔约方的成员国或观察员，均可派代表作为观察员出席作为本议定书缔约方会议的《公约》缔约方会议的各届会议。任何在本议定书所涉事项上具备资格的团体或机构，无论是国家或国际的、政府或非政府的，经通知秘书处其愿意派代表作为观察员出席作为本议定书缔约方会议的《公约》缔约方会议的某届会议，均可予以接纳，除非出席的缔约方至少三分之一反对。观察员的接纳和参加应遵循上述第 5 款所指的议事规则。

第十四条

1. 依《公约》第八条设立的秘书处，应作为本议定书的秘书处。

2. 关于秘书处职能的《公约》第八条第 2 款和关于就秘书处行使职能作出的安排的《公约》第八条第 3 款，应比照适用于本议定书。秘书处还应行使本议定书所赋予它的职能。

第十五条

1.《公约》第九条和第十条设立的附属科技咨询机构和附属履行机构，应作为本议定书的附属科技咨询机构和附属履行机构。《公约》关于该两个机构行使职能的规定应比照适用于本议定书。本议定书的附属科技咨询机构和附属履行机构的届会，应分别与《公约》的附属科技咨询机构和附属履行机构的会议结合举行。

2. 非为本议定书缔约方的《公约》缔约方可作为观察员参加附属机构任何届会的议事工作。在附属机构作为本议定书附属机构时，在本议定书之下的决定只应由本议定书缔约方作出。

3.《公约》第九条和第十条设立的附属机构行使它们的职能处理涉及本议定书的事项

时，附属机构主席团中代表《公约》缔约方但在当时非为本议定书缔约方的任何成员，应由本议定书缔约方从本议定书缔约方中选出的另一成员替换。

第十六条

作为本议定书缔约方会议的《公约》缔约方会议，应参照《公约》缔约方会议可能作出的任何有关决定，在一旦实际可行时审议对本议定书适用并酌情修改《公约》第十三条所指的多边协商程序。适用于本议定书的任何多边协商程序的运作不应损害依第十八条所设立的程序和机制。

第十七条

《公约》缔约方会议应就排放贸易，特别是其核查、报告和责任确定相关的原则、方式、规则和指南。为履行其依第三条规定的承诺的目的，附件 B 所列缔约方可以参与排放贸易。任何此种贸易应是对为实现该条规定的量化的限制和减少排放的承诺之目的而采取的本国行动的补充。

第十八条

作为本议定书缔约方会议的《公约》缔约方会议，应在第一届会议上通过适当且有效的程序和机制，用以断定和处理不遵守本议定书规定的情势，包括就后果列出一个示意性清单，同时考虑到不遵守的原因、类别、程度和频度。依本条可引起具拘束性后果的任何程序和机制应以本议定书修正案的方式予以通过。

第十九条

《公约》第十四条的规定应比照适用于本议定书。

第二十条

1. 任何缔约方均可对本议定书提出修正。

2. 对本议定书的修正应在作为本议定书缔约方会议的《公约》缔约方会议常会上通过。对本议定书提出的任何修正案文，应由秘书处在拟议通过该修正的会议之前至少六个月送交各缔约方。秘书处还应将提出的修正送交《公约》的缔约方和签署方，并送交保存人以供参考。

3. 各缔约方应尽一切努力以协商一致方式就对本议定书提出的任何修正达成协议。如为谋求协商一致已尽一切努力但仍未达成协议，作为最后的方式，该项修正应以出席会议并参加表决的缔约方四分之三多数票通过。通过的修正应由秘书处送交保存人，再由保存人转送所有缔约方供其接受。

4. 对修正的接受文书应交存于保存人，按照上述第 3 款通过的修正，应于保存人收到本议定书至少四分之三缔约方的接受文书之日后第九十天起对接受该项修正的缔约方生效。

5. 对于任何其他缔约方，修正应在该缔约方向保存人交存其接受该项修正的文书之日后第九十天起对其生效。

第二十一条

1. 本议定书的附件应构成本议定书的组成部分，除非另有明文规定，凡提及本议定书时即同时提及其任何附件。本议定书生效后通过的任何附件，应限于清单，表格和属于科学、技术、程序或行政性质的任何其它说明性材料。

2. 任何缔约方可对本议定书提出附件提案并可对本议定书的附件提出修正。

3. 本议定书的附件和对本议定书附件的修正应在作为本议定书缔约方会议的《公约》缔约方会议的常会上通过。提出的任何附件或对附件的修正的案文应由秘书处在拟议通过该项附件或对该附件的修正的会议之前至少六个月送交各缔约方。秘书处还应将提出的任何附件或对附件的任何修正的案文送交《公约》缔约方和签署方，并送交保存人以供参考。

4. 各缔约方应尽一切努力以协商一致方式就提出的任何附件或对附件的修正达成协议。如为谋求协商一致已尽一切努力但仍未达成协议，作为最后的方式，该项附件或对附件的修正应以出席会议并参加表决的缔约方四分之三多数票通过。通过的附件或对附件的修正应由秘书处送交保存人，再由保存人送交所有缔约方供其接受。

5. 除附件 A 和附件 B 之外，根据上述第 3 款和第 4 款通过的附件或对附件的修正，应于保存人向本议定书的所有缔约方发出关于通过该附件或通过对该附件的修正的通知之日起六个月后对所有缔约方生效，但在此期间书面通知保存人不接受该项附件或对该附件的修正的缔约方除外。对于撤回其不接受通知的缔约方，该项附件或对该附件的修正应自保存人收到撤回通知之日后第九十天起对其生效。

6. 如附件或对附件的修正的通过涉及对本议定书的修正，则该附件或对附件的修正应待对本议定书的修正生效之后方可生效。

7. 对本议定书附件 A 和附件 B 的修正应根据第二十条中规定的程序予以通过并生效，但对附件 B 的任何修正只应以有关缔约方书面同意的方式通过。

第二十二条

1. 除下述第 2 款所规定外，每一缔约方应有一票表决权。

2. 区域经济一体化组织在其权限内的事项上应行使票数与其作为本议定书缔约方的成员国数目相同的表决权。如果一个此类组织的任一成员国行使自己的表决权，则该组织不得行使表决权，反之亦然。

第二十三条

联合国秘书长应为本议定书的保存人。

第二十四条

1. 本议定书应开放供属于《公约》缔约方的各国和区域经济一体化组织签署并须经其批准、接受或核准。本议定书应自 1998 年 3 月 16 日至 1999 年 3 月 15 日在纽约联合国总部开放供签署，本议定书应自其签署截止日之次日起开放供加入。批准、接受、核准或加入的文书应交存于保存人。

2. 任何成为本议定书缔约方而其成员国均非缔约方的区域经济一体化组织应受本议定书各项义务的约束。如果此类组织的一个或多个成员国为本议定书的缔约方，该组织及其成员国应决定各自在履行本议定书义务方面的责任。在此种情况下，该组织及其成员国无权同时行使本议定书规定的权利。

3. 区域经济一体化组织应在其批准、接受、核准或加入的文书中声明其在本议定书所规定事项上的权限。这些组织还应将其权限范围的任何重大变更通知保存人，再由保存人通知各缔约方。

第二十五条

1. 本议定书应在不少于 55 个《公约》缔约方、包括其合计的二氧化碳排放量至少占附件一所列缔约方 1990 年二氧化碳排放总量的 55% 的附件一所列缔约方已经交存其批准、接受、核准或加入的文书之日后第九十天起生效。

2. 为本条的目的，"附件一所列缔约方 1990 年二氧化碳排放总量"指在通过本议定书之日或之前附件一所列缔约方在其按照《公约》第十二条提交的第一次国家信息通报中通报的数量。

3. 对于在上述第 1 款中规定的生效条件达到之后批准、接受、核准或加入本议定书的每一国家或区域经济一体化组织，本议定书应自其批准、接受、核准或加入的文书交存之日后第九十天起生效。

4. 为本条的目的，区域经济一体化组织交存的任何文书，不应被视为该组织成员国所交存文书之外的额外文书。

第二十六条

对本议定书不得作任何保留。

第二十七条

1. 自本议定书对一缔约方生效之日起三年后，该缔约方可随时向保存人发出书面通知退出本议定书。

2. 任何此种退出应自保存人收到退出通知之日起一年期满时生效，或在退出通知中所述明的更后日期生效。

3. 退出《公约》的任何缔约方，应被视为亦退出本议定书。

第二十八条

本议定书正本应交存于联合国秘书长，其阿拉伯文、中文、英文、法文、俄文和西班牙文文本同等作准。

一九九七年十二月十一日订于京都。

下列签署人，经正式授权，于规定的日期在本议定书上签字，以昭信守。

附件 A

温室气体

　　二氧化碳（CO_2）

　　甲烷（CH_4）

　　氧化亚氮（N_2O）

　　氢氟碳化物（HFCs）

　　全氟化碳（PFCs）

　　六氟化硫（SF_6）

部门／源类别

　能　源

　　燃料燃烧

　　　能源工业

　　　制造业和建筑

　　　运输

　　　其它部门

　　　其它

　　　燃料的飞逸性排放

　　　固体燃料

　　　石油和天然气

　　　其它

　工　业

　　矿产品

　　化工业

　　金属生产

　　其它生产

　　碳卤化合物和六氟化硫的生产

　　碳卤化合物和六氟化硫的消费

　　其它

溶剂和其它产品的使用

　农　业

　　肠道发酵

　　粪肥管理

　　水稻种植

　　农业土壤

　　热带草原划定的烧荒

农作物残留物的田间燃烧

其它

废　物

陆地固体废物处置

废水处理

废物焚化

其它

附件 B

缔约方	量化的限制或减少排放的承诺 （基准年或基准期百分比）
澳大利亚	108
奥地利	92
比利时	92
保加利亚*	92
加拿大	94
克罗地亚*	95
捷克共和国*	92
丹 麦	92
爱沙尼亚*	92
欧洲共同体	92
芬 兰	92
法 国	92
德 国	92
希 腊	92
匈牙利*	94
冰 岛	110
爱尔兰	92
意大利	92
日 本	94
拉脱维亚*	92
列支敦士登	92
立陶宛*	92
卢森堡	92
摩纳哥	92
荷 兰	92
新西兰	100
挪 威	101
波 兰*	94
葡萄牙	92
罗马尼亚*	92
俄罗斯联邦*	100
斯洛伐克*	92

---

*正在向市场经济过渡的国家。

巴 黎 协 定

本协定各缔约方,

作为《联合国气候变化框架公约》(以下简称《公约》)缔约方,

按照《公约》缔约方会议第十七届会议第 1/CP.17 号决定建立的德班加强行动平台,

为实现《公约》目标,并遵循其原则,包括公平、共同但有区别的责任和各自能力原则,考虑不同国情,

认识到必须根据现有的最佳科学知识,对气候变化的紧迫威胁作出有效和逐渐的应对,

又认识到《公约》所述的发展中国家缔约方的具体需要和特殊情况,尤其是那些特别易受气候变化不利影响的发展中国家缔约方的具体需要和特殊情况,

充分考虑到最不发达国家在筹资和技术转让行动方面的具体需要和特殊情况,

认识到缔约方不仅可能受到气候变化的影响,而且还可能受到为应对气候变化而采取的措施的影响,

强调气候变化行动、应对和影响与平等获得可持续发展和消除贫困有着内在的关系,

认识到保障粮食安全和消除饥饿的根本性优先事项,以及粮食生产系统特别易受气候变化不利影响,

考虑到务必根据国家制定的发展优先事项,实现劳动力公正转型以及创造体面工作和高质量就业岗位,

承认气候变化是人类共同关心的问题,缔约方在采取行动应对气候变化时,应当尊重、促进和考虑它们各自对人权、健康权、土著人民权利、当地社区权利、移徙者权利、儿童权利、残疾人权利、弱势人权利、发展权,以及性别平等、妇女赋权和代际公平等的义务,

认识到必须酌情维护和加强《公约》所述的温室气体的汇和库,

注意到必须确保包括海洋在内的所有生态系统的完整性并保护被有些文化认作地球母亲的生物多样性,并注意到在采取行动应对气候变化时关于"气候公正"概念对一些人的重要性,

申明就本协定处理的事项在各级开展教育、培训、公众意识、公众参与和公众获得信息和合作的重要性,

认识到按照缔约方各自的国内立法使各级政府和各行为方参与应对气候变化的重要性,

又认识到在发达国家缔约方带头下的可持续生活方式以及可持续的消费和生产模式,对应对气候变化所发挥的重要作用,

注:《巴黎协定》于 2015 年达成。

兹协议如下：

第一条

为本协定的目的，《公约》第一条所载的定义应予适用。此外：

（一）"公约"指 1992 年 5 月 9 日在纽约通过的《联合国气候变化框架公约》；

（二）"缔约方会议"指《公约》缔约方会议；

（三）"缔约方"指本协定缔约方。

第二条

一、本协定在加强《公约》，包括其目标的履行方面，旨在联系可持续发展和消除贫困的努力，加强对气候变化威胁的全球应对，包括：

（一）把全球平均气温升幅控制在工业化前水平以上低于 2℃ 之内，并努力将气温升幅限制在工业化前水平以上 1.5℃ 之内，同时认识到这将大大减少气候变化的风险和影响；

（二）提高适应气候变化不利影响的能力并以不威胁粮食生产的方式增强气候复原力和温室气体低排放发展；并

（三）使资金流动符合温室气体低排放和气候适应型发展的路径。

二、本协定的履行将体现公平以及共同但有区别的责任和各自能力的原则，考虑不同国情。

第三条

作为全球应对气候变化的国家自主贡献，所有缔约方将采取并通报第四条、第七条、第九条、第十条、第十一条和第十三条所界定的有力度的努力，以实现本协定第二条所述的目的。所有缔约方的努力将随着时间的推移而逐渐增加，同时认识到需要支持发展中国家缔约方，以有效履行本协定。

第四条

一、为了实现第二条规定的长期气温目标，缔约方旨在尽快达到温室气体排放的全球峰值，同时认识到达峰对发展中国家缔约方来说需要更长的时间；此后利用现有的最佳科学迅速减排，以联系可持续发展和消除贫困，在公平的基础上，在本世纪下半叶实现温室气体源的人为排放与汇的清除之间的平衡。

二、各缔约方应编制、通报并保持它计划实现的连续国家自主贡献。缔约方应采取国内减缓措施，以实现这种贡献的目标。

三、各缔约方的连续国家自主贡献将比当前的国家自主贡献有所进步，并反映其尽可能大的力度，同时体现其共同但有区别的责任和各自能力，考虑不同国情。

四、发达国家缔约方应当继续带头，努力实现全经济范围绝对减排目标。发展中国家缔约方应当继续加强它们的减缓努力，鼓励它们根据不同的国情，逐渐转向全经济范围减排或限排目标。

五、应向发展中国家缔约方提供支助，以根据本协定第九条、第十条和第十一条执行本条，同时认识到增强对发展中国家缔约方的支助，将能够加大它们的行动力度。

六、最不发达国家和小岛屿发展中国家可编制和通报反映它们特殊情况的关于温室气体低排放发展的战略、计划和行动。

七、从缔约方的适应行动和/或经济多样化计划中获得的减缓协同效益，能促进本条下的减缓成果。

八、在通报国家自主贡献时，所有缔约方应根据第 1/CP.21 号决定和作为本协定缔约方会议的《公约》缔约方会议的任何有关决定，为清晰、透明和了解而提供必要的信息。

九、各缔约方应根据第 1/CP.21 号决定和作为本协定缔约方会议的《公约》缔约方会议的任何有关决定，并从第十四条所述的全球盘点的结果获取信息，每五年通报一次国家自主贡献。

十、作为本协定缔约方会议的《公约》缔约方会议应在第一届会议上审议国家自主贡献的共同时间框架。

十一、缔约方可根据作为本协定缔约方会议的《公约》缔约方会议通过的指导，随时调整其现有的国家自主贡献，以加强其力度水平。

十二、缔约方通报的国家自主贡献应记录在秘书处保持的一个公共登记册上。

十三、缔约方应核算它们的国家自主贡献。在核算相当于它们国家自主贡献中的人为排放量和清除量时，缔约方应根据作为本协定缔约方会议的《公约》缔约方会议通过的指导，促进环境完整性、透明性、精确性、完备性、可比和一致性，并确保避免双重核算。

十四、在国家自主贡献方面，当缔约方在承认和执行人为排放和清除方面的减缓行动时，应当按照本条第十三款的规定，酌情考虑《公约》下的现有方法和指导。

十五、缔约方在履行本协定时，应考虑那些经济受应对措施影响最严重的缔约方，特别是发展中国家缔约方关注的问题。

十六、缔约方，包括区域经济一体化组织及其成员国，凡是达成了一项协定，根据本条第二款联合采取行动的，均应在它们通报国家自主贡献时，将该协定的条款通知秘书处，包括有关时期内分配给各缔约方的排放量。再应由秘书处向《公约》的缔约方和签署方通报该协定的条款。

十七、本条第 16 款提及的这种协定的各缔约方应根据本条第十三款和第十四款以及第十三条和第十五条对该协定为它规定的排放水平承担责任。

十八、如果缔约方在一个其本身是本协定缔约方的区域经济一体化组织的框架内并与该组织一起，采取联合行动开展这项工作，那么该区域经济一体化组织的各成员国单独并与该区域经济一体化组织一起，应根据本条第十三款和第十四款以及第十三条和第十五条，对根据本条第 16 款通报的协定为它规定的排放水平承担责任。

十九、所有缔约方应当努力拟定并通报长期温室气体低排放发展战略，同时注意第二条，顾及其共同但有区别的责任和各自能力，考虑不同国情。

第五条

一、缔约方应当采取行动酌情维护和加强《公约》第四条第 1 款 d 项所述的温室气体的汇和库，包括森林。

二、鼓励缔约方采取行动，包括通过基于成果的支付，执行和支持在《公约》下已确定的有关指导和决定中提出的有关以下方面的现有框架：为减少毁林和森林退化造成的排放所涉活动采取的政策方法和积极奖励措施，以及发展中国家养护、可持续管理森林和增强森林碳储量的作用；执行和支持替代政策方法，如关于综合和可持续森林管理的联合减缓和适应方法，同时重申酌情奖励与这些方法相关的非碳效益的重要性。

第六条

一、缔约方认识到，有些缔约方选择自愿合作执行它们的国家自主贡献，以能够提高它们减缓和适应行动的力度，并促进可持续发展和环境完整性。

二、缔约方如果在自愿的基础上采取合作方法，并使用国际转让的减缓成果来实现国家自主贡献，就应促进可持续发展，确保环境完整性和透明度，包括在治理方面，并应依作为本协定缔约方会议的《公约》缔约方会议通过的指导运用稳健的核算，除其它外，确保避免双重核算。

三、使用国际转让的减缓成果来实现本协定下的国家自主贡献，应是自愿的，并得到参加的缔约方的允许的。

四、兹在作为本协定缔约方会议的《公约》缔约方会议的权力和指导下，建立一个机制，供缔约方自愿使用，以促进温室气体排放的减缓，支持可持续发展。它应受作为本协定缔约方会议的《公约》缔约方会议指定的一个机构的监督，应旨在：

（一）促进减缓温室气体排放，同时促进可持续发展；

（二）奖励和便利缔约方授权下的公私实体参与减缓温室气体排放；

（三）促进东道缔约方减少排放水平，以便从减缓活动导致的减排中受益，这也可以被另一缔约方用来履行其国家自主贡献；并

（四）实现全球排放的全面减缓。

五、从本条第四款所述的机制产生的减排，如果被另一缔约方用作表示其国家自主贡献的实现情况，则不得再被用作表示东道缔约方自主贡献的实现情况。

六、作为本协定缔约方会议的《公约》缔约方会议应确保本条第四款所述机制下开展的活动所产生的一部分收益用于负担行政开支，以及援助特别易受气候变化不利影响的发展中国家缔约方支付适应费用。

七、作为本协定缔约方会议的《公约》缔约方会议应在第一届会议上通过本条第四款所述机制的规则、模式和程序。

八、缔约方认识到，在可持续发展和消除贫困方面，必须以协调和有效的方式向缔约方提供综合、整体和平衡的非市场方法，包括酌情通过，除其它外，减缓、适应、资金、技术转让和能力建设，以协助执行它们的国家自主贡献。这些方法应旨在：

（一）提高减缓和适应力度；

（二）加强公私部门参与执行国家自主贡献；并

（三）创造各种手段和有关体制安排之间协调的机会。

九、兹确定一个本条第八款提及的可持续发展非市场方法的框架，以推广非市场方法。

第七条

一、缔约方兹确立关于提高适应能力、加强复原力和减少对气候变化的脆弱性的全球适应目标，以促进可持续发展，并确保在第二条所述气温目标方面采取充分的适应对策。

二、缔约方认识到，适应是所有各方面临的全球挑战，具有地方、次国家、国家、区域和国际层面，它是为保护人民、生计和生态系统而采取的气候变化长期全球应对措施的关键组成部分和促进因素，同时也要考虑到特别易受气候变化不利影响的发展中国家迫在眉睫的需要。

三、应根据作为本协定缔约方会议的《公约》缔约方会议第一届会议通过的模式承认发展中国家的适应努力。

四、缔约方认识到，当前的适应需要很大，提高减缓水平能减少对额外适应努力的需要，增大适应需要可能会增加适应成本。

五、缔约方承认，适应行动应当遵循一种国家驱动、注重性别问题、参与型和充分透明的方法，同时考虑到脆弱群体、社区和生态系统，并应当基于和遵循现有的最佳科学，以及适当的传统知识、土著人民的知识和地方知识系统，以期将适应酌情纳入相关的社会经济和环境政策以及行动中。

六、缔约方认识到支持适应努力并开展适应努力方面的国际合作的重要性，以及考虑发展中国家缔约方的需要，尤其是特别易受气候变化不利影响的发展中国家的需要的重要性。

七、缔约方应当加强它们在增强适应行动方面的合作，同时考虑到《坎昆适应框架》，包括在下列方面：

（一）交流信息、良好做法、获得的经验和教训，酌情包括与适应行动方面的科学、规划、政策和执行等相关的信息、良好做法、获得的经验和教训；

（二）加强体制安排，包括《公约》下服务于本协定的体制安排，以支持相关信息和知识的综合，并为缔约方提供技术支助和指导；

（三）加强关于气候的科学知识，包括研究、对气候系统的系统观测和早期预警系统，以便为气候服务提供参考，并支持决策；

（四）协助发展中国家缔约方确定有效的适应做法、适应需要、优先事项、为适应行动和努力提供和得到的支助、挑战和差距，其方式应符合鼓励良好做法；并

（五）提高适应行动的有效性和持久性。

八、鼓励联合国专门组织和机构支持缔约方努力执行本条第七款所述的行动，同时考虑到本条第五款的规定。

九、各缔约方应酌情开展适应规划进程并采取各种行动，包括制订或加强相关的计划、政策和/或贡献，其中可包括：

（一）落实适应行动、任务和/或努力；

(二)关于制订和执行国家适应计划的进程;

(三)评估气候变化影响和脆弱性,以拟订国家自主决定的优先行动,同时考虑到处于脆弱地位的人、地方和生态系统;

(四)监测和评价适应计划、政策、方案和行动并从中学习;并

(五)建设社会经济和生态系统的复原力,包括通过经济多样化和自然资源的可持续管理。

十、各缔约方应当酌情定期提交和更新一项适应信息通报,其中可包括其优先事项、执行和支助需要、计划和行动,同时不对发展中国家缔约方造成额外负担。

十一、本条第十款所述适应信息通报应酌情定期提交和更新,纳入或结合其他信息通报或文件提交,其中包括国家适应计划、第四条第二款所述的一项国家自主贡献和/或一项国家信息通报。

十二、本条第十款所述的适应信息通报应记录在一个由秘书处保持的公共登记册上。

十三、根据本协定第九条、第十条和第十一条的规定,发展中国家缔约方在执行本条第七款、第九款、第十款和第十一款时应得到持续和加强的国际支持。

十四、第十四条所述的全球盘点,除其他外应:

(一)承认发展中国家缔约方的适应努力;

(二)加强开展适应行动,同时考虑本条第十款所述的适应信息通报;

(三)审评适应的充足性和有效性以及对适应提供的支助情况;并

(四)审评在实现本条第一款所述的全球适应目标方面所取得的总体进展。

第八条

一、缔约方认识到避免、尽量减轻和处理与气候变化(包括极端气候事件和缓发事件)不利影响相关的损失和损害的重要性,以及可持续发展对于减少损失和损害风险的作用。

二、气候变化影响相关损失和损害华沙国际机制应置于作为本协定缔约方会议的《公约》缔约方会议的权力和指导下,并可由作为本协定缔约方会议的《公约》缔约方会议决定予以强化和加强。

三、缔约方应当在合作和提供便利的基础上,包括酌情通过华沙国际机制,在气候变化不利影响所涉损失和损害方面加强理解、行动和支持。

四、据此,为加强理解、行动和支持而开展合作和提供便利的领域可包括以下方面:

(一)早期预警系统;

(二)应急准备;

(三)缓发事件;

(四)可能涉及不可逆转和永久性损失和损害的事件;

(五)综合性风险评估和管理;

(六)风险保险机制,气候风险分担安排和其他保险方案;

(七)非经济损失;和

(八)社区、生计和生态系统的复原力。

五、华沙国际机制应与本协定下现有机构和专家小组以及本协定以外的有关组织和专家机构协作。

第九条

一、发达国家缔约方应为协助发展中国家缔约方减缓和适应两方面提供资金，以便继续履行在《公约》下的现有义务。

二、鼓励其他缔约方自愿提供或继续提供这种支助。

三、作为全球努力的一部分，发达国家缔约方应当继续带头，从各种大量来源、手段及渠道调动气候资金，同时注意到公共资金通过采取各种行动，包括支持国家驱动战略而发挥的重要作用，并考虑发展中国家缔约方的需要和优先事项。对气候资金的这一调动应当超过先前的努力。

四、提供规模更大的资金，应当旨在实现适应与减缓之间的平衡，同时考虑国家驱动战略以及发展中国家缔约方的优先事项和需要，尤其是那些特别易受气候变化不利影响的和受到严重的能力限制的发展中国家缔约方，如最不发达国家和小岛屿发展中国家的优先事项和需要，同时也考虑为适应提供公共资源和基于赠款的资源的需要。

五、发达国家缔约方应根据对其适用的本条第一款和第三款的规定，每两年通报指示性定量定质信息，包括向发展中国家缔约方提供的公共资金方面可获得的预测水平。鼓励其他提供资源的缔约方也自愿每两年通报一次这种信息。

六、第十四条所述的全球盘点应考虑发达国家缔约方和/或本协定的机构提供的关于气候资金所涉努力方面的有关信息。

七、发达国家缔约方应按照作为本协定缔约方会议的《公约》缔约方会议第一届会议根据第十三条第十三款的规定通过的模式、程序和指南，就通过公共干预措施向发展中国家提供和调动支助的情况，每两年提供透明一致的信息。鼓励其他缔约方也这样做。

八、《公约》的资金机制，包括其经营实体，应作为本协定的资金机制。

九、为本协定服务的机构，包括《公约》资金机制的经营实体，应旨在通过精简审批程序和提供强化准备活动支持，确保发展中国家缔约方，尤其是最不发达国家和小岛屿发展中国家，在国家气候战略和计划方面有效地获得资金。

第十条

一、缔约方共有一个长期愿景，即必须充分落实技术开发和转让，以改善对气候变化的复原力和减少温室气体排放。

二、注意到技术对于执行本协定下的减缓和适应行动的重要性，并认识到现有的技术部署和推广工作，缔约方应加强技术开发和转让方面的合作行动。

三、《公约》下设立的技术机制应为本协定服务。

四、兹建立一个技术框架，为技术机制在促进和便利技术开发和转让的强化行动方面的工作提供总体指导，以实现本条第一款所述的长期愿景，支持本协定的履行。

五、加快、鼓励和扶持创新，对有效、长期的全球应对气候变化，以及促进经济增长和可持续发展至关重要。应对这种努力酌情提供支助，包括由技术机制和由《公约》资金机制通过资金手段提供支助，以便采取协作性方法开展研究和开发，以及便利获得技术，特别是在技术周期的早期阶段便利发展中国家缔约方获得技术。

六、应向发展中国家缔约方提供支助，包括提供资金支助，以执行本条，包括在技术周期不同阶段的技术开发和转让方面加强合作行动，从而在支助减缓和适应之间实现平衡。第十四条提及的全球盘点应考虑为发展中国家缔约方的技术开发和转让提供支助方面的现有信息。

第十一条

一、本协定下的能力建设应当加强发展中国家缔约方，特别是能力最弱的国家，如最不发达国家，以及特别易受气候变化不利影响的国家，如小岛屿发展中国家等的能力，以便采取有效的气候变化行动，其中包括，除其它外，执行适应和减缓行动，并应当便利技术开发、推广和部署、获得气候资金、教育、培训和公共意识的有关方面，以及透明、及时和准确的信息通报。

二、能力建设，尤其是针对发展中国家缔约方的能力建设，应当由国家驱动，依据并响应国家需要，并促进缔约方的本国自主，包括在国家、次国家和地方层面。能力建设应当以获得的经验教训为指导，包括从《公约》下能力建设活动中获得的经验教训，并应当是一个参与型、贯穿各领域和注重性别问题的有效和迭加的进程。

三、所有缔约方应当合作，以加强发展中国家缔约方履行本协定的能力。发达国家缔约方应当加强对发展中国家缔约方能力建设行动的支助。

四、所有缔约方，凡在加强发展中国家缔约方执行本协定的能力，包括采取区域、双边和多边方式的，均应定期就这些能力建设行动或措施进行通报。发展中国家缔约方应当定期通报为履行本协定而落实能力建设计划、政策、行动或措施的进展情况。

五、应通过适当的体制安排，包括《公约》下为服务于本协定所建立的有关体制安排，加强能力建设活动，以支持对本协定的履行。作为本协定缔约方会议的《公约》缔约方会议应在第一届会议上审议并就能力建设的初始体制安排通过一项决定。

第十二条

缔约方应酌情合作采取措施，加强气候变化教育、培训、公共意识、公众参与和公众获取信息，同时认识到这些步骤对于加强本协定下的行动的重要性。

第十三条

一、为建立互信和信心并促进有效履行，兹设立一个关于行动和支助的强化透明度框架，并内置一个灵活机制，以考虑缔约方能力的不同，并以集体经验为基础。

二、透明度框架应为依能力需要灵活性的发展中国家缔约方提供灵活性，以利于其履行本条规定。本条第十三款所述的模式、程序和指南应反映这种灵活性。

三、透明度框架应依托和加强在《公约》下设立的透明度安排，同时认识到最不发达国家和小岛屿发展中国家的特殊情况,以促进性、非侵入性、非惩罚性和尊重国家主权的方式实施,并避免对缔约方造成不当负担。

四、《公约》下的透明度安排,包括国家信息通报、两年期报告和两年期更新报告、国际评估和审评以及国际磋商和分析,应成为制定本条第十三款下的模式、程序和指南时加以借鉴的经验的一部分。

五、行动透明度框架的目的是按照《公约》第二条所列目标,明确了解气候变化行动,包括明确和追踪缔约方在第四条下实现各自国家自主贡献方面所取得进展;以及缔约方在第七条之下的适应行动,包括良好做法、优先事项、需要和差距,以便为第十四条下的全球盘点提供信息。

六、支助透明度框架的目的是明确各相关缔约方在第四条、第七条、第九条、第十条和第十一条下的气候变化行动方面提供和收到的支助,并尽可能反映所提供的累计资金支助的全面概况,以便为第十四条下的盘点提供信息。

七、各缔约方应定期提供以下信息:

(一)利用政府间气候变化专门委员会接受并由作为本协定缔约方会议的《公约》缔约方会议商定的良好做法而编写的一份温室气体源的人为排放和汇的清除的国家清单报告;并

(二)跟踪在根据第四条执行和实现国家自主贡献方面取得的进展所必需的信息。

八、各缔约方还应当酌情提供与第七条下的气候变化影响和适应相关的信息。

九、发达国家缔约方应,提供支助的其他缔约方应当就根据第九条、第十条和第十一条向发展中国家缔约方提供资金、技术转让和能力建设支助的情况提供信息。

十、发展中国家缔约方应当就在第九条、第十条和第十一条下需要和接受的资金、技术转让和能力建设支助情况提供信息。

十一、应根据第 1/CP.21 号决定对各缔约方根据本条第七款和第九款提交的信息进行技术专家审评。对于那些由于能力问题而对此有需要的发展中国家缔约方,这一审评进程应包括查明能力建设需要方面的援助。此外,各缔约方应参与促进性的多方审议,以对第九条下的工作以及各自执行和实现国家自主贡献的进展情况进行审议。

十二、本款下的技术专家审评应包括适当审议缔约方提供的支助,以及执行和实现国家自主贡献的情况。审评也应查明缔约方需改进的领域,并包括审评这种信息是否与本条第十三款提及的模式、程序和指南相一致,同时考虑在本条第二款下给予缔约方的灵活性。审评应特别注意发展中国家缔约方各自的国家能力和国情。

十三、作为本协定缔约方会议的《公约》缔约方会议应在第一届会议上根据《公约》下透明度相关安排取得的经验,详细拟定本条的规定,酌情为行动和支助的透明度通过通用的模式、程序和指南。

十四、应为发展中国家履行本条提供支助。

十五、应为发展中国家缔约方建立透明度相关能力提供持续支助。

第十四条

一、作为本协定缔约方会议的《公约》缔约方会议应定期盘点本协定的履行情况,以评估实现本协定宗旨和长期目标的集体进展情况（称为"全球盘点"）。盘点应以全面和促进性的方式开展，考虑减缓、适应以及执行手段和支助问题，并顾及公平和利用现有的最佳科学。

二、作为本协定缔约方会议的《公约》缔约方会议应在 2023 年进行第一次全球盘点，此后每五年进行一次，除非作为本协定缔约方会议的《公约》缔约方会议另有决定。

三、全球盘点的结果应为缔约方以国家自主的方式根据本协定的有关规定更新和加强它们的行动和支助，以及加强气候行动的国际合作提供信息。

第十五条

一、兹建立一个机制，以促进履行和遵守本协定的规定。

二、本条第一款所述的机制应由一个委员会组成，应以专家为主，并且是促进性的，行使职能时采取透明、非对抗的、非惩罚性的方式。委员会应特别关心缔约方各自的国家能力和情况。

三、该委员会应在作为本协定缔约方会议的《公约》缔约方会议第一届会议通过的模式和程序下运作，每年向作为本协定缔约方会议的《公约》缔约方会议提交报告。

第十六条

一、《公约》缔约方会议——《公约》的最高机构，应作为本协定缔约方会议。

二、非为本协定缔约方的《公约》缔约方，可作为观察员参加作为本协定缔约方会议的《公约》缔约方会议的任何届会的议事工作。在《公约》缔约方会议作为本协定缔约方会议时，在本协定之下的决定只应由为本协定缔约方者做出。

三、在《公约》缔约方会议作为本协定缔约方会议时，《公约》缔约方会议主席团中代表《公约》缔约方但在当时非为本协定缔约方的任何成员，应由本协定缔约方从本协定缔约方中选出的另一成员替换。

四、作为本协定缔约方会议的《公约》缔约方会议应定期审评本协定的履行情况，并应在其权限内作出为促进本协定有效履行所必要的决定。作为本协定缔约方会议的《公约》缔约方会议应履行本协定赋予它的职能，并应：

（一）设立为履行本协定而被认为必要的附属机构；并

（二）行使为履行本协定所需的其他职能。

五、《公约》缔约方会议的议事规则和依《公约》规定采用的财务规则，应在本协定下比照适用，除非作为本协定缔约方会议的《公约》缔约方会议以协商一致方式可能另外作出决定。

六、作为本协定缔约方会议的《公约》缔约方会议第一届会议，应由秘书处结合本协定生效之日后预定举行的《公约》缔约方会议第一届会议召开。其后作为本协定缔约方会议的《公约》缔约方会议常会，应与《公约》缔约方会议常会结合举行，除非作为本协定缔约方会议的《公约》缔约方会议另有决定。

七、作为本协定缔约方会议的《公约》缔约方会议特别会议，应在作为本协定缔约方会议的《公约》缔约方会议认为必要的其他任何时间举行，或应任何缔约方的书面请求而举行，但须在秘书处将该要求转达给各缔约方后六个月内得到至少三分之一缔约方的支持。

八、联合国及其专门机构和国际原子能机构，以及它们的非为《公约》缔约方的成员国或观察员，均可派代表作为观察员出席作为本协定缔约方会议的《公约》缔约方会议的各届会议。任何在本协定所涉事项上具备资格的团体或机构，无论是国家或国际的、政府的或非政府的，经通知秘书处其愿意派代表作为观察员出席作为本协定缔约方会议的《公约》缔约方会议的某届会议，均可予以接纳，除非出席的缔约方至少三分之一反对。观察员的接纳和参加应遵循本条第五款所指的议事规则。

第十七条

一、依《公约》第八条设立的秘书处，应作为本协定的秘书处。

二、关于秘书处职能的《公约》第八条第 2 款和关于就秘书处行使职能作出的安排的《公约》第八条第 3 款，应比照适用于本协定。秘书处还应行使本协定和作为本协定缔约方会议的《公约》缔约方会议所赋予它的职能。

第十八条

一、《公约》第九条和第十条设立的附属科学技术咨询机构和附属履行机构，应分别作为本协定的附属科学技术咨询机构和附属履行机构。《公约》关于这两个机构行使职能的规定应比照适用于本协定。本协定的附属科学技术咨询机构和附属履行机构的届会，应分别与《公约》的附属科学技术咨询机构和附属履行机构的会议结合举行。

二、非为本协定缔约方的《公约》缔约方可作为观察员参加附属机构任何届会的议事工作。在附属机构作为本协定附属机构时，本协定下的决定只应由本协定缔约方作出。

三、《公约》第九条和第十条设立的附属机构行使它们的职能处理涉及本协定的事项时，附属机构主席团中代表《公约》缔约方但当时非为本协定缔约方的任何成员，应由本协定缔约方从本协定缔约方中选出的另一成员替换。

第十九条

一、除本协定提到的附属机构和体制安排外，根据《公约》或在《公约》下设立的附属机构或其他体制安排，应按照作为本协定缔约方会议的《公约》缔约方会议的决定，为本协定服务。作为本协定缔约方会议的《公约》缔约方会议应明确规定此种附属机构或安排所要行使的职能。

二、作为本协定缔约方会议的《公约》缔约方会议可为这些附属机构和体制安排提供进一步指导。

第二十条

一、本协定应开放供属于《公约》缔约方的各国和区域经济一体化组织签署并须经其批准、接受或核准。本协定应自 2016 年 4 月 22 日至 2017 年 4 月 21 日在纽约联合国总部开放供签署。此后，本协定应自签署截止日之次日起开放供加入。批准、接受、核准或加入的文书应交存保存人。

二、任何成为本协定缔约方而其成员国均非缔约方的区域经济一体化组织应受本协定各项义务的约束。如果区域经济一体化组织的一个或多个成员国为本协定的缔约方，该组织及其成员国应决定各自在履行本协定义务方面的责任。在此种情况下，该组织及其成员国无权同时行使本协定规定的权利。

三、区域经济一体化组织应在其批准、接受、核准或加入的文书中声明其在本协定所规定的事项方面的权限。这些组织还应将其权限范围的任何重大变更通知保存人，再由保存人通知各缔约方。

第二十一条

一、本协定应在不少于 55 个《公约》缔约方，包括其合计共占全球温室气体总排放量的至少约 55% 的《公约》缔约方交存其批准、接受、核准或加入文书之日后第三十天起生效。

二、只为本条第一款的有限目的，"全球温室气体总排放量"指在《公约》缔约方通过本协定之日或之前最新通报的数量。

三、对于在本条第一款规定的生效条件达到之后批准、接受、核准或加入本协定的每一国家或区域经济一体化组织，本协定应自该国家或区域经济一体化组织批准、接受、核准或加入的文书交存之日后第三十天起生效。

四、为本条第一款的目的，区域经济一体化组织交存的任何文书，不应被视为其成员国所交存文书之外的额外文书。

第二十二条

《公约》第十五条关于通过对《公约》的修正的规定应比照适用于本协定。

第二十三条

一、《公约》第十六条关于《公约》附件的通过和修正的规定应比照适用于本协定。

二、本协定的附件应构成本协定的组成部分，除另有明文规定外，凡提及本协定，即同时提及其任何附件。这些附件应限于清单、表格和属于科学、技术、程序或行政性质的任何其他说明性材料。

第二十四条

《公约》关于争端的解决的第十四条的规定应比照适用于本协定。

第二十五条

一、除本条第二款所规定外，每个缔约方应有一票表决权。

二、区域经济一体化组织在其权限内的事项上应行使票数与其作为本协定缔约方的成员国数目相同的表决权。如果一个此类组织的任一成员国行使自己的表决权，则该组织不得行使表决权，反之亦然。

第二十六条

联合国秘书长应为本协定的保存人。

第二十七条

对本协定不得作任何保留。

第二十八条

一、自本协定对一缔约方生效之日起三年后，该缔约方可随时向保存人发出书面通知退出本协定。

二、任何此种退出应自保存人收到退出通知之日起一年期满时生效，或在退出通知中所述明的更后日期生效。

三、退出《公约》的任何缔约方，应被视为亦退出本协定。

第二十九条

本协定正本应交存于联合国秘书长，其阿拉伯文、中文、英文、法文、俄文和西班牙文文本同等作准。

二〇一五年十二月十二日订于巴黎。

下列签署人，经正式授权，在本协定上签字，以昭信守。

二、中国应对气候变化主要文件

中国应对气候变化国家方案

前　言

气候变化是国际社会普遍关心的重大全球性问题。气候变化既是环境问题，也是发展问题，但归根到底是发展问题。《联合国气候变化框架公约》(以下简称《气候公约》)指出，历史上和目前全球温室气体排放的最大部分源自发达国家，发展中国家的人均排放仍相对较低，发展中国家在全球排放中所占的份额将会增加，以满足其经济和社会发展需要。《气候公约》明确提出，各缔约方应在公平的基础上，根据他们共同但有区别的责任和各自的能力，为人类当代和后代的利益保护气候系统，发达国家缔约方应率先采取行动应对气候变化及其不利影响。《气候公约》同时也要求所有缔约方制定、执行、公布并经常更新应对气候变化的国家方案。

中国作为一个负责任的发展中国家，对气候变化问题给予了高度重视，成立了国家气候变化对策协调机构，并根据国家可持续发展战略的要求，采取了一系列与应对气候变化相关的政策和措施，为减缓和适应气候变化做出了积极的贡献。作为履行《气候公约》的一项重要义务，中国政府特制定《中国应对气候变化国家方案》，本方案明确了到 2010 年中国应对气候变化的具体目标、基本原则、重点领域及其政策措施。中国将按照科学发展观的要求，认真落实《国家方案》中提出的各项任务，努力建设资源节约型、环境友好型社会，提高减缓与适应气候变化的能力，为保护全球气候继续做出贡献。

《气候公约》第四条第 7 款规定："发展中国家缔约方能在多大程度上有效履行其在本公约下的承诺，将取决于发达国家缔约方对其在本公约下所承担的有关资金和技术转让承诺的有效履行，并将充分考虑到经济和社会发展及消除贫困是发展中国家缔约方的首要和压倒一切的优先事项"。中国愿在发展经济的同时，与国际社会和有关国家积极开展有效务实的合作，努力实施本方案。

第一部分　中国气候变化的现状和应对气候变化的努力

近百年来，许多观测资料表明，地球气候正经历一次以全球变暖为主要特征的显著变化，中国的气候变化趋势与全球的总趋势基本一致。为应对气候变化，促进可持续发展，中国政府通过实施调整经济结构、提高能源效率、开发利用水电和其他可再生能源、加强生态建设以及实行计划生育等方面的政策和措施，为减缓气候变化做出了显著的贡献。

一、中国气候变化的观测事实与趋势

政府间气候变化专门委员会(IPCC)第三次评估报告指出，近 50 年的全球气候变暖主

注：《中国应对气候变化国家方案》于 2007 年由国务院(国发〔2007〕17 号)发布。

要是由人类活动大量排放的二氧化碳、甲烷、氧化亚氮等温室气体的增温效应造成的。在全球变暖的大背景下，中国近百年的气候也发生了明显变化。有关中国气候变化的主要观测事实包括：一是近百年来，中国年平均气温升高了$0.5 \sim 0.8$℃，略高于同期全球增温平均值，近50年变暖尤其明显。从地域分布看，西北、华北和东北地区气候变暖明显，长江以南地区变暖趋势不显著；从季节分布看，冬季增温最明显。从1986年到2005年，中国连续出现了20个全国性暖冬。二是近百年来，中国年均降水量变化趋势不显著，但区域降水变化波动较大。中国年平均降水量在20世纪50年代以后开始逐渐减少，平均每10年减少2.9毫米，但1991年到2000年略有增加。从地域分布看，华北大部分地区、西北东部和东北地区降水量明显减少，平均每10年减少$20 \sim 40$毫米，其中华北地区最为明显；华南与西南地区降水明显增加，平均每10年增加$20 \sim 60$毫米。三是近50年来，中国主要极端天气与气候事件的频率和强度出现了明显变化。华北和东北地区干旱趋重，长江中下游地区和东南地区洪涝加重。1990年以来，多数年份全国年降水量高于常年，出现南涝北旱的雨型，干旱和洪水灾害频繁发生。四是近50年来，中国沿海海平面年平均上升速率为2.5毫米，略高于全球平均水平。五是中国山地冰川快速退缩，并有加速趋势。

中国未来的气候变暖趋势将进一步加剧。中国科学家的预测结果表明：一是与2000年相比，2020年中国年平均气温将升高$1.3 \sim 2.1$℃，2050年将升高$2.3 \sim 3.3$℃。全国温度升高的幅度由南向北递增，西北和东北地区温度上升明显。预测到2030年，西北地区气温可能上升$1.9 \sim 2.3$℃，西南可能上升$1.6 \sim 2.0$℃，青藏高原可能上升$2.2 \sim 2.6$℃。二是未来50年中国年平均降水量将呈增加趋势，预计到2020年，全国年平均降水量将增加$2\% \sim 3\%$，到2050年可能增加$5\% \sim 7\%$。其中东南沿海增幅最大。三是未来100年中国境内的极端天气与气候事件发生的频率可能性增大，将对经济社会发展和人们的生活产生很大影响。四是中国干旱区范围可能扩大、荒漠化可能性加重。五是中国沿海海平面仍将继续上升。六是青藏高原和天山冰川将加速退缩，一些小型冰川将消失。

二、中国温室气体排放现状

根据《中华人民共和国气候变化初始国家信息通报》，1994年中国温室气体排放总量为40.6亿吨二氧化碳当量（扣除碳汇后的净排放量为36.5亿吨二氧化碳当量），其中二氧化碳排放量为30.7亿吨，甲烷为7.3亿吨二氧化碳当量，氧化亚氮为2.6亿吨二氧化碳当量。据中国有关专家初步估算，2004年中国温室气体排放总量约为61亿吨二氧化碳当量（扣除碳汇后的净排放量约为56亿吨二氧化碳当量），其中二氧化碳排放量约为50.7亿吨，甲烷约为7.2亿吨二氧化碳当量，氧化亚氮约为3.3亿吨二氧化碳当量。从1994年到2004年，中国温室气体排放总量的年均增长率约为4%，二氧化碳排放量在温室气体排放总量中所占的比重由1994年的76%上升到2004年的83%。

中国温室气体历史排放量很低，且人均排放一直低于世界平均水平。根据世界资源研究所的研究结果，1950年中国化石燃料燃烧二氧化碳排放量为7900万吨，仅占当时世界总排放量的1.31%；$1950 \sim 2002$年间中国化石燃料燃烧二氧化碳累计排放量占世界同期的9.33%，人均累计二氧化碳排放量61.7吨，居世界第92位。根据国际能源机构的统计，2004 年中国化石燃料燃烧人均二氧化碳排放量为 3.65 吨，相当于世界平均水平的 87%、经济合作与发展组织国家的 33%。

在经济社会稳步发展的同时，中国单位国内生产总值(GDP)的二氧化碳排放强度总体呈下降趋势。根据国际能源机构的统计数据，1990 年中国单位 GDP 化石燃料燃烧二氧化碳排放强度为 5.47 千克 CO_2/美元(2000 年价)，2004 年下降为 2.76 千克 CO_2/美元，下降了 49.5%，而同期世界平均水平只下降了 12.6%，经济合作与发展组织国家下降了 16.1%。

三、中国减缓气候变化的努力与成就

作为一个负责任的发展中国家，自 1992 年联合国环境与发展大会以后，中国政府率先组织制定了《中国 21 世纪议程——中国 21 世纪人口、环境与发展白皮书》，并从国情出发采取了一系列政策措施，为减缓全球气候变化做出了积极的贡献。

第一，调整经济结构，推进技术进步，提高能源利用效率。从 20 世纪 80 年代后期开始，中国政府更加注重经济增长方式的转变和经济结构的调整，将降低资源和能源消耗、推进清洁生产、防治工业污染作为中国产业政策的重要组成部分。通过实施一系列产业政策，加快第三产业发展，调整第二产业内部结构，使产业结构发生了显著变化。1990 年中国三次产业的产值构成为 26.9：41.3：31.8，2005 年为 12.6：47.5：39.9，第一产业的比重持续下降，第三产业有了很大发展，尤其是电信、旅游、金融等行业，尽管第二产业的比重有所上升，但产业内部结构发生了明显变化，机械、信息、电子等行业的迅速发展提高了高附加值产品的比重，这种产业结构的变化带来了较大的节能效益。1991—2005 年中国以年均 5.6% 的能源消费增长速度支持了国民经济年均 10.2% 的增长速度，能源消费弹性系数约为 0.55。

20 世纪 80 年代以来，中国政府制定了"开发与节约并重、近期把节约放在优先地位"的方针，确立了节能在能源发展中的战略地位。通过实施《中华人民共和国节约能源法》及相关法规，制定节能专项规划，制定和实施鼓励节能的技术、经济、财税和管理政策，制定和实施能源效率标准与标识，鼓励节能技术的研究、开发、示范与推广，引进和吸收先进节能技术，建立和推行节能新机制，加强节能重点工程建设等政策和措施，有效地促进了节能工作的开展。中国万元 GDP 能耗由 1990 年的 2.68 吨标准煤下降到 2005 年的 1.43 吨标准煤(以 2000 年可比价计算)，年均降低 4.1%；工业部门中高耗能产品的单位能耗也有了明显的下降：2004 年与 1990 年相比，6000 千瓦及以上火电机组供电煤耗由每千瓦时 427 克标准煤下降到 376 克标准煤，重点企业吨钢可比能耗由 997 千克标准煤下降到 702 千克标准煤，大中型企业的水泥综合能耗由每吨 201 千克标准煤下降到 157 千克标准煤。按环比法计算，1991~2005 年的 15 年间，通过经济结构调整和提高能源利用效率，中国累计节约和少用能源约 8 亿吨标准煤。如按照中国 1994 年每吨标准煤排放二氧化碳 2.277 吨计算，相当于减少约 18 亿吨的二氧化碳排放。

第二，发展低碳能源和可再生能源，改善能源结构。通过国家政策引导和资金投入，加强了水能、核能、石油、天然气和煤层气的开发和利用，支持在农村、边远地区和条件

适宜地区开发利用生物质能、太阳能、地热、风能等新型可再生能源，使优质清洁能源比重有所提高。在中国一次能源消费构成中，煤炭所占的比重由 1990 年的 76.2% 下降到 2005 年的 68.9%，而石油、天然气、水电所占的比重分别由 1990 年的 16.6%、2.1% 和 5.1%，上升到 2005 年的 21.0%、2.9% 和 7.2%。

到 2005 年底，中国的水电装机容量已经达到 1.17 亿千瓦，占全国发电装机容量的 23%，年发电量为 4010 亿千瓦时，占总发电量的 16.2%；户用沼气池已达到 1700 多万口，年产沼气约 65 亿立方米，建成大中型沼气工程 1500 多处，年产沼气约 15 亿立方米；生物质发电装机容量约为 200 万千瓦，其中蔗渣发电约 170 万千瓦、垃圾发电约 20 万千瓦；以粮食为原料的生物燃料乙醇年生产能力约 102 万吨；已建成并网风电场 60 多个，总装机容量为 126 万千瓦，在偏远地区还有约 20 万台、总容量约 4 万千瓦的小型独立运行风力发电机；光伏发电的总容量约为 7 万千瓦，主要为偏远地区居民供电；在用太阳能热水器的总集热面积达 8500 万平方米。2005 年中国可再生能源利用量已经达到 1.66 亿吨标准煤（包括大水电），占能源消费总量的 7.5% 左右，相当于减排 3.8 亿吨二氧化碳。

第三，大力开展植树造林，加强生态建设和保护。改革开放以来，随着中国重点林业生态工程的实施，植树造林取得了巨大成绩，据第六次全国森林资源清查，中国人工造林保存面积达到 0.54 亿公顷，蓄积量 15.05 亿立方米，人工林面积居世界第一。全国森林面积达到 17491 万公顷，森林覆盖率从 20 世纪 90 年代初期的 13.92% 增加到 2005 年的 18.21%。除植树造林以外，中国还积极实施天然林保护、退耕还林还草、草原建设和管理、自然保护区建设等生态建设与保护政策，进一步增强了林业作为温室气体吸收汇的能力。与此同时，中国城市绿化工作也得到了较快发展，2005 年中国城市建成区绿化覆盖面积达到 106 万公顷，绿化覆盖率为 33%，城市人均公共绿地 7.9 平方米，这部分绿地对吸收大气二氧化碳也起到了一定的作用。据专家估算，1980—2005 年中国造林活动累计净吸收约 30.6 亿吨二氧化碳，森林管理累计净吸收 16.2 亿吨二氧化碳，减少毁林排放 4.3 亿吨二氧化碳。

第四，实施计划生育，有效控制人口增长。自 20 世纪 70 年代以来，中国政府一直把实行计划生育作为基本国策，使人口增长过快的势头得到有效控制。根据联合国的资料，中国的生育率不仅明显低于其他发展中国家，也低于世界平均水平。2005 年中国人口出生率为 12.40‰，自然增长率为 5.89‰，分别比 1990 年低了 8.66 和 8.50 个千分点，进入世界低生育水平国家行列。中国在经济不发达的情况下，用较短的时间实现了人口再生产类型从高出生、低死亡、高增长到低出生、低死亡、低增长的历史性转变，走完了一些发达国家数十年乃至上百年才走完的路。通过计划生育，到 2005 年中国累计少出生 3 亿多人口，按照国际能源机构统计的全球人均排放水平估算，仅 2005 年一年就相当于减少二氧化碳排放约 13 亿吨，这是中国对缓解世界人口增长和控制温室气体排放做出的重大贡献。

第五，加强了应对气候变化相关法律、法规和政策措施的制定。针对近几年出现的新问题，中国政府提出了树立科学发展观和构建和谐社会的重大战略思想，加快建设资源节约型、环境友好型社会，进一步强化了一系列与应对气候变化相关的政策措施。2004 年国务院通过了《能源中长期发展规划纲要（2004—2020）》（草案）。2004 年国家发展和改革委员会发布了中国第一个《节能中长期专项规划》。2005 年 2 月，全国人大审议通过了《中华人民共和国可再生能源法》，明确了政府、企业和用户在可再生能源开发利用中的责任和义务，提出了包括总量目标制度、发电并网制度、价格管理制度、费用分摊制度、专项资金制度、税收优惠制度等一系列政策和措施。2005 年 8 月，国务院下发了《关于做好建设节约型社会近期重点工作的通知》和《关于加快发展循环经济的若干意见》。2005 年 12 月，国务院发布了《关于发布实施〈促进产业结构调整暂行规定〉的决定》和《关于落实科学发展观加强环境保护的决定》。2006 年 8 月，国务院发布了《关于加强节能工作的决定》。这些政策性文件为进一步增强中国应对气候变化的能力提供了政策和法律保障。

第六，进一步完善了相关体制和机构建设。中国政府成立了共有 17 个部门组成的国家气候变化对策协调机构，在研究、制定和协调有关气候变化的政策等领域开展了多方面的工作，为中央政府各部门和地方政府应对气候变化问题提供了指导。为切实履行中国政府对《气候公约》的承诺，从 2001 年开始，国家气候变化对策协调机构组织了《中华人民共和国气候变化初始国家信息通报》的编写工作，并于 2004 年底向《气候公约》第十次缔约方大会正式提交了该报告。近年来中国政府还不断加强了与应对气候变化紧密相关的能源综合管理，成立了国家能源领导小组及其办公室，进一步强化了对能源工作的领导。为规范和推动清洁发展机制项目在中国的有序开展，2005 年 10 月中国政府有关部门颁布了经修订后的《清洁发展机制项目运行管理办法》。

第七，高度重视气候变化研究及能力建设。中国政府重视并不断提高气候变化相关科研支撑能力，组织实施了国家重大科技项目"全球气候变化预测、影响和对策研究"、"全球气候变化与环境政策研究"等，开展了国家攀登计划和国家重点基础研究发展计划项目"中国重大气候和天气灾害形成机理与预测理论研究"、"中国陆地生态系统碳循环及其驱动机制研究"等研究工作，完成了"中国陆地和近海生态系统碳收支研究"等知识创新工程重大项目，开展了"中国气候与海平面变化及其趋势和影响的研究"等重大项目研究，并组织编写了《气候变化国家评估报告》，为国家制定应对全球气候变化政策和参加《气候公约》谈判提供了科学依据。中国政府有关部门还开展了一些有关清洁发展机制能力建设的国际合作项目。

第八，加大气候变化教育与宣传力度。中国政府一直重视环境与气候变化领域的教育、宣传与公众意识的提高。在《中国 21 世纪初可持续发展行动纲要》中明确提出：积极发展各级各类教育，提高全民可持续发展意识；强化人力资源开发，提高公众参与可持续发展的科学文化素质。近年来，中国加大了气候变化问题的宣传和教育力度，开展了多种形式的有关气候变化的知识讲座和报告会，举办了多期中央及省级决策者气候变化培训班，召开了"气候变化与生态环境"等大型研讨会，开通了全方位提供气候变化信息的中英文双语政府网站《中国气候变化信息网》等，并取得了较好的效果。

第二部分　气候变化对中国的影响与挑战

受认识水平和分析工具的限制，目前世界各国对气候变化影响的评价尚存在较大的不确定性。现有研究表明，气候变化已经对中国产生了一定的影响，造成了沿海海平面上升、西北冰川面积减少、春季物候期提前等，而且未来将继续对中国自然生态系统和经济社会系统产生重要影响。与此同时，中国还是一个人口众多、经济发展水平较低、能源结构以煤为主、应对气候变化能力相对较弱的发展中国家，随着城镇化、工业化进程的不断加快以及居民用能水平的不断提高，中国在应对气候变化方面面临严峻的挑战。

一、中国与气候变化相关的基本国情

（一）气候条件差，自然灾害较重

中国气候条件相对较差。中国主要属于大陆型季风气候，与北美和西欧相比，中国大部分地区的气温季节变化幅度要比同纬度地区相对剧烈，很多地方冬冷夏热，夏季全国普遍高温，为了维持比较适宜的室内温度，需要消耗更多的能源。中国降水时空分布不均，多分布在夏季，且地区分布不均衡，年降水量从东南沿海向西北内陆递减。中国气象灾害频发，其灾域之广、灾种之多、灾情之重、受灾人口之众，在世界上都是少见的。

（二）生态环境脆弱

中国是一个生态环境比较脆弱的国家。2005 年全国森林面积 1.75 亿公顷，森林覆盖率仅为 18.21%。2005 年中国草地面积 4.0 亿公顷，其中大多是高寒草原和荒漠草原，北方温带草地受干旱、生态环境恶化等影响，正面临退化和沙化的危机。2005 年中国土地荒漠化面积约为 263 万平方公里，已经占到整个国土面积的 27.4%。中国大陆海岸线长达 1.8 万多公里，濒邻的自然海域面积约 473 万平方公里，面积在 500 平方米以上的海岛有 6500 多个，易受海平面上升带来的不利影响。

（三）能源结构以煤为主

中国的一次能源结构以煤为主。2005 年中国的一次能源生产量为 20.61 亿吨标准煤，其中原煤所占的比重高达 76.4%；2005 年中国一次能源消费量为 22.33 亿吨标准煤，其中煤炭所占的比重为 68.9%，石油为 21.0%，天然气、水电、核电、风能、太阳能等所占比重为 10.1%，而在同年全球一次能源消费构成中，煤炭只占 27.8%，石油 36.4%，天然气、水电、核电等占 35.8%。由于煤炭消费比重较大，造成中国能源消费的二氧化碳排放强度也相对较高。

（四）人口众多

中国是世界上人口最多的国家。2005 年底中国大陆人口（不包括香港、澳门、台湾）达到 13.1 亿，约占世界人口总数的 20.4%；中国城镇化水平比较低，约有 7.5 亿的庞大人口生活在农村，2005 年城镇人口占全国总人口的比例只有 43.0%，低于世界平均水平；庞大的人口基数，也使中国面临巨大的劳动力就业压力，每年有 1000 万以上新增城镇劳动力需要就业，同时随着城镇化进程的推进，目前每年约有上千万的农村劳动力向城镇转移。由于人口数量巨大，中国的人均能源消费水平仍处于比较低的水平，2005 年中国人均商品能源消费量约 1.7 吨标准煤，只有世界平均水平的 2/3，远低于发达国家的平均水平。

（五）经济发展水平较低

中国目前的经济发展水平仍较低。2005 年中国人均 GDP 约为 1714 美元（按当年汇率计算，下同），仅为世界人均水平的 1/4 左右；中国地区之间的经济发展水平差距较大，

2005 年东部地区的人均 GDP 约为 2877 美元，而西部地区只有 1136 美元左右，仅为东部地区人均 GDP 的 39.5%；中国城乡居民之间的收入差距也比较大，2005 年城镇居民人均可支配收入为 1281 美元，而农村居民人均纯收入只有 397 美元，仅为城镇居民收入水平的 31.0%；中国的脱贫问题还未解决，截至 2005 年底，中国农村尚有 2365 万人均年纯收入低于 683 元人民币的贫困人口。

二、气候变化对中国的影响

（一）对农牧业的影响

气候变化已经对中国的农牧业产生了一定的影响，主要表现为自 20 世纪 80 年代以来，中国的春季物候期提前了 2~4 天。未来气候变化对中国农牧业的影响主要表现在：一是农业生产的不稳定性增加，如果不采取适应性措施，小麦、水稻和玉米三大作物均以减产为主。二是农业生产布局和结构将出现变动，种植制度和作物品种将发生改变。三是农业生产条件发生变化，农业成本和投资需求将大幅度增加。四是潜在荒漠化趋势增大，草原面积减少。气候变暖后，草原区干旱出现的几率增大，持续时间加长，土壤肥力进一步降低，初级生产力下降。五是气候变暖对畜牧业也将产生一定的影响，某些家畜疾病的发病率可能提高。

（二）对森林和其他生态系统的影响

气候变化已经对中国的森林和其他生态系统产生了一定的影响，主要表现为近 50 年中国西北冰川面积减少了 21%，西藏冻土最大减薄了 4~5 米。未来气候变化将对中国森林和其他生态系统产生不同程度的影响：一是森林类型的分布北移。从南向北分布的各种类型森林向北推进，山地森林垂直带谱向上移动，主要造林树种将北移和上移，一些珍稀树种分布区可能缩小。二是森林生产力和产量呈现不同程度的增加。森林生产力在热带、亚热带地区将增加 1%~2%，暖温带增加 2% 左右，温带增加 5%~6%，寒温带增加 10% 左右。三是森林火灾及病虫害发生的频率和强度可能增高。四是内陆湖泊和湿地加速萎缩。少数依赖冰川融水补给的高山、高原湖泊最终将缩小。五是冰川与冻土面积将加速减少。到 2050 年，预计西部冰川面积将减少 27% 左右，青藏高原多年冻土空间分布格局将发生较大变化。六是积雪量可能出现较大幅度减少，且年际变率显著增大。七是将对物种多样性造成威胁，可能对大熊猫、滇金丝猴、藏羚羊和秃杉等产生较大影响。

（三）对水资源的影响

气候变化已经引起了中国水资源分布的变化，主要表现为近 40 年来中国海河、淮河、黄河、松花江、长江、珠江等六大江河的实测径流量多呈下降趋势，北方干旱、南方洪涝等极端水文事件频繁发生。中国水资源对气候变化最脆弱的地区为海河、滦河流域，其次为淮河、黄河流域，而整个内陆河地区由于干旱少雨非常脆弱。未来气候变化将对中国水资源产生较大的影响：一是未来 50~100 年，全国多年平均径流量在北方的宁夏、甘肃等部分省（区）可能明显减少，在南方的湖北、湖南等部分省份可能显著增加，这表明气候变化将可能增加中国洪涝和干旱灾害发生的几率。二是未来 50~100 年，中国北方地区水资源短缺形势不容乐观，特别是宁夏、甘肃等省（区）的人均水资源短缺矛盾可能加剧。三是在水资源可持续开发利用的情况下，未来50～100年，全国大部分省份水资源供需基本平衡，但内蒙古、新疆、甘肃、宁夏等省(区)水资源供需矛盾可能进一步加大。

(四)对海岸带的影响

气候变化已经对中国海岸带环境和生态系统产生了一定的影响，主要表现为近50年来中国沿海海平面上升有加速趋势，并造成海岸侵蚀和海水入侵，使珊瑚礁生态系统发生退化。未来气候变化将对中国的海平面及海岸带生态系统产生较大的影响：一是中国沿岸海平面仍将继续上升。二是发生台风和风暴潮等自然灾害的几率增大，造成海岸侵蚀及致灾程度加重。三是滨海湿地、红树林和珊瑚礁等典型生态系统损害程度也将加大。

(五)对其他领域的影响

气候变化可能引起热浪频率和强度的增加，由极端高温事件引起的死亡人数和严重疾病将增加。气候变化可能增加疾病的发生和传播机会，增加心血管病、疟疾、登革热和中暑等疾病发生的程度和范围，危害人类健康。同时，气候变化伴随的极端天气气候事件及其引发的气象灾害的增多，对大中型工程项目建设的影响加大，气候变化也可能对自然和人文旅游资源、对某些区域的旅游安全等产生重大影响。另外由于全球变暖，也将加剧空调制冷电力消费的增长趋势，对保障电力供应带来更大的压力。

三、中国应对气候变化面临的挑战

(一)对中国现有发展模式提出了重大的挑战

自然资源是国民经济发展的基础，资源的丰度和组合状况，在很大程度上决定着一个国家的产业结构和经济优势。中国人口基数大，发展水平低，人均资源短缺是制约中国经济发展的长期因素。世界各国的发展历史和趋势表明，人均二氧化碳排放量、商品能源消费量和经济发达水平有明显相关关系。在目前的技术水平下，达到工业化国家的发展水平意味着人均能源消费和二氧化碳排放必然达到较高的水平，世界上目前尚没有既有较高的人均GDP水平又能保持很低人均能源消费量的先例。未来随着中国经济的发展，能源消费和二氧化碳排放量必然还要持续增长，减缓温室气体排放将使中国面临开创新型的、可持续发展模式的挑战。

(二)对中国以煤为主的能源结构提出了巨大的挑战

中国是世界上少数几个以煤为主的国家，在2005年全球一次能源消费构成中，煤炭仅占27.8%，而中国高达68.9%。与石油、天然气等燃料相比，单位热量燃煤引起的二氧化碳排放比使用石油、天然气分别高出约36%和61%。由于调整能源结构在一定程度上受到资源结构的制约，提高能源利用效率又面临着技术和资金上的障碍，以煤为主的能源资源和消费结构在未来相当长的一段时间将不会发生根本性的改变，使得中国在降低单位能源的二氧化碳排放强度方面比其他国家面临更大的困难。

(三)对中国能源技术自主创新提出了严峻的挑战

中国能源生产和利用技术落后是造成能源效率较低和温室气体排放强度较高的一个主要原因。一方面，中国目前的能源开采、供应与转换、输配技术、工业生产技术和其他能源终端使用技术与发达国家相比均有较大差距；另一方面，中国重点行业落后工艺所占比重仍然较高，如大型钢铁联合企业吨钢综合能耗与小型企业相差 200 千克标准煤左右，大中型合成氨吨产品综合能耗与小型企业相差 300 千克标准煤左右。先进技术的严重缺乏与落后工艺技术的大量并存，使中国的能源效率比国际先进水平约低 10 个百分点，高耗能产品单位能耗比国际先进水平高出 40% 左右。应对气候变化的挑战，最终要依靠科技。中国目前正在进行的大规模能源、交通、建筑等基础设施建设，如果不能及时获得先进的、有益于减缓温室气体排放的技术，则这些设施的高排放特征就会在未来几十年内存在，这对中国应对气候变化，减少温室气体排放提出了严峻挑战。

（四）对中国森林资源保护和发展提出了诸多挑战

中国应对气候变化，一方面需要强化对森林和湿地的保护工作，提高森林适应气候变化的能力，另一方面也需要进一步加强植树造林和湿地恢复工作，提高森林碳吸收汇的能力。中国森林资源总量不足，远远不能满足国民经济和社会发展的需求，随着工业化、城镇化进程的加快，保护林地、湿地的任务加重，压力加大。中国生态环境脆弱，干旱、荒漠化、水土流失、湿地退化等仍相当严重，现有可供植树造林的土地多集中在荒漠化、石漠化以及自然条件较差的地区，给植树造林和生态恢复带来巨大的挑战。

（五）对中国农业领域适应气候变化提出了长期的挑战

中国不仅是世界上农业气象灾害多发地区，各类自然灾害连年不断，农业生产始终处于不稳定状态，而且也是一个人均耕地资源占有少、农业经济不发达、适应能力非常有限的国家。如何在气候变化的情况下，合理调整农业生产布局和结构，改善农业生产条件，有效减少病虫害的流行和杂草蔓延，降低生产成本，防止潜在荒漠化增大趋势，确保中国农业生产持续稳定发展，对中国农业领域提高气候变化适应能力和抵御气候灾害能力提出了长期的挑战。

（六）对中国水资源开发和保护领域适应气候变化提出了新的挑战

中国水资源开发和保护领域适应气候变化的目标：一是促进中国水资源持续开发与利用，二是增强适应能力以减少水资源系统对气候变化的脆弱性。如何在气候变化的情况下，加强水资源管理，优化水资源配置；加强水利基础设施建设，确保大江大河、重要城市和重点地区的防洪安全；全面推进节水型社会建设，保障人民群众的生活用水，确保经济社会的正常运行；发挥好河流功能的同时，切实保护好河流生态系统，对中国水资源开发和保护领域提高气候变化适应能力提出了长期的挑战。

（七）对中国沿海地区应对气候变化的能力提出了现实的挑战

沿海是中国人口稠密、经济活动最为活跃的地区，中国沿海地区大多地势低平，极易遭受因海平面上升带来的各种海洋灾害威胁。目前中国海洋环境监视监测能力明显不足，应对海洋灾害的预警能力和应急响应能力已不能满足应对气候变化的需求，沿岸防潮工程建设标准较低，抵抗海洋灾害的能力较弱。未来中国沿海由于海平面上升引起的海岸侵蚀、海水入侵、土壤盐渍化、河口海水倒灌等问题，对中国沿海地区应对气候变化提出了现实的挑战。

第三部分 中国应对气候变化的指导思想、原则与目标

中国经济社会发展正处在重要战略机遇期。中国将落实节约资源和保护环境的基本国

策，发展循环经济，保护生态环境，加快建设资源节约型、环境友好型社会，积极履行《气候公约》相应的国际义务，努力控制温室气体排放，增强适应气候变化的能力，促进经济发展与人口、资源、环境相协调。

一、指导思想

中国应对气候变化的指导思想是：全面贯彻落实科学发展观，推动构建社会主义和谐社会，坚持节约资源和保护环境的基本国策，以控制温室气体排放、增强可持续发展能力为目标，以保障经济发展为核心，以节约能源、优化能源结构、加强生态保护和建设为重点，以科学技术进步为支撑，不断提高应对气候变化的能力，为保护全球气候做出新的贡献。

二、原则

中国应对气候变化要坚持以下原则：

——在可持续发展框架下应对气候变化的原则。这既是国际社会达成的重要共识，也是各缔约方应对气候变化的基本选择。中国政府早在 1994 年就制定和发布了可持续发展战略——《中国 21 世纪议程——中国 21 世纪人口、环境与发展白皮书》，并于 1996 年首次将可持续发展作为经济社会发展的重要指导方针和战略目标，2003 年中国政府又制定了《中国 21 世纪初可持续发展行动纲要》。中国将继续根据国家可持续发展战略，积极应对气候变化问题。

——遵循《气候公约》规定的"共同但有区别的责任"原则。根据这一原则，发达国家应带头减少温室气体排放，并向发展中国家提供资金和技术支持；发展经济、消除贫困是发展中国家压倒一切的首要任务，发展中国家履行公约义务的程度取决于发达国家在这些基本的承诺方面能否得到切实有效的执行。

——减缓与适应并重的原则。减缓和适应气候变化是应对气候变化挑战的两个有机组成部分。对于广大发展中国家来说，减缓全球气候变化是一项长期、艰巨的挑战，而适应气候变化则是一项现实、紧迫的任务。中国将继续强化能源节约和结构优化的政策导向，努力控制温室气体排放，并结合生态保护重点工程以及防灾、减灾等重大基础工程建设，切实提高适应气候变化的能力。

——将应对气候变化的政策与其他相关政策有机结合的原则。积极适应气候变化、努力减缓温室气体排放涉及到经济社会的许多领域，只有将应对气候变化的政策与其他相关政策有机结合起来，才能使这些政策更加有效。中国将继续把节约能源、优化能源结构、加强生态保护和建设、促进农业综合生产能力的提高等政策措施作为应对气候变化政策的重要组成部分，并将减缓和适应气候变化的政策措施纳入到国民经济和社会发展规划中统筹考虑、协调推进。

——依靠科技进步和科技创新的原则。科技进步和科技创新是减缓温室气体排放，提高气候变化适应能力的有效途径。中国将充分发挥科技进步在减缓和适应气候变化中的先导性和基础性作用，大力发展新能源、可再生能源技术和节能新技术，促进碳吸收技术和各种适应性技术的发展，加快科技创新和技术引进步伐，为应对气候变化、增强可持续发展能力提供强有力的科技支撑。

——积极参与、广泛合作的原则。全球气候变化是国际社会共同面临的重大挑战，尽管各国对气候变化的认识和应对手段尚有不同看法，但通过合作和对话、共同应对气候变化带来的挑战是基本共识。中国将积极参与《气候公约》谈判和政府间气候变化专门委员会的相关活动，进一步加强气候变化领域的国际合作，积极推进在清洁发展机制、技术转让等方面的合作，与国际社会一道共同应对气候变化带来的挑战。

三、目标

中国应对气候变化的总体目标是：控制温室气体排放取得明显成效，适应气候变化的能力不断增强，气候变化相关的科技与研究水平取得新的进展，公众的气候变化意识得到较大提高，气候变化领域的机构和体制建设得到进一步加强。根据上述总体目标，到 2010 年，中国将努力实现以下主要目标：

（一）控制温室气体排放

——通过加快转变经济增长方式，强化能源节约和高效利用的政策导向，加大依法实施节能管理的力度，加快节能技术开发、示范和推广，充分发挥以市场为基础的节能新机制，提高全社会的节能意识，加快建设资源节约型社会，努力减缓温室气体排放。到 2010 年，实现单位国内生产总值能源消耗比 2005 年降低 20% 左右，相应减缓二氧化碳排放。

——通过大力发展可再生能源，积极推进核电建设，加快煤层气开发利用等措施，优化能源消费结构。到 2010 年，力争使可再生能源开发利用总量（包括大水电）在一次能源供应结构中的比重提高到 10% 左右。煤层气抽采量达到 100 亿立方米。

——通过强化冶金、建材、化工等产业政策，发展循环经济，提高资源利用率，加强氧化亚氮排放治理等措施，控制工业生产过程的温室气体排放。到 2010 年，力争使工业生产过程的氧化亚氮排放稳定在 2005 年的水平上。

——通过继续推广低排放的高产水稻品种和半旱式栽培技术，采用科学灌溉技术，研究开发优良反刍动物品种技术和规模化饲养管理技术，加强对动物粪便、废水和固体废弃物的管理，加大沼气利用力度等措施，努力控制甲烷排放增长速度。

——通过继续实施植树造林、退耕还林还草、天然林资源保护、农田基本建设等政策措施和重点工程建设，到 2010 年，努力实现森林覆盖率达到 20%，力争实现碳汇数量比 2005 年增加约 0.5 亿吨二氧化碳。

（二）增强适应气候变化能力

——通过加强农田基本建设、调整种植制度、选育抗逆品种、开发生物技术等适应性措施，到 2010 年，力争新增改良草地 2400 万公顷，治理退化、沙化和碱化草地 5200 万公顷，力争将农业灌溉用水有效利用系数提高到 0.5。

——通过加强天然林资源保护和自然保护区的监管，继续开展生态保护重点工程建设，建立重要生态功能区，促进自然生态恢复等措施，到 2010 年，力争实现 90% 左右的典型森林生态系统和国家重点野生动植物得到有效保护，自然保护区面积占国土总面积的比重达到 16% 左右，治理荒漠化土地面积 2200 万公顷。

——通过合理开发和优化配置水资源、完善农田水利基本建设新机制和推行节水等措施，到 2010 年，力争减少水资源系统对气候变化的脆弱性，基本建成大江大河防洪工程体系，提高农田抗旱标准。

——通过加强对海平面变化趋势的科学监测以及对海洋和海岸带生态系统的监管，合理利用海岸线，保护滨海湿地，建设沿海防护林体系，不断加强红树林的保护、恢复、营造和管理能力的建设等措施，到 2010 年左右，力争实现全面恢复和营造红树林区，沿海地区抵御海洋灾害的能力得到明显提高，最大限度地减少海平面上升造成的社会影响和经济损失。

（三）加强科学研究与技术开发

——通过加强气候变化领域的基础研究，进一步开发和完善研究分析方法，加大对相关专业与管理人才的培养等措施，到 2010 年，力争使气候变化研究部分领域达到国际先进水平，为有效制定应对气候变化战略和政策，积极参与应对气候变化国际合作提供科学依据。

——通过加强自主创新能力，积极推进国际合作与技术转让等措施，到 2010 年，力争在能源开发、节能和清洁能源技术等方面取得进展，农业、林业等适应技术水平得到提高，为有效应对气候变化提供有力的科技支撑。

（四）提高公众意识与管理水平

——通过利用现代信息传播技术，加强气候变化方面的宣传、教育和培训，鼓励公众参与等措施，到 2010 年，力争基本普及气候变化方面的相关知识，提高全社会的意识，为有效应对气候变化创造良好的社会氛围。

——通过进一步完善多部门参与的决策协调机制，建立企业、公众广泛参与应对气候变化的行动机制等措施，到 2010 年，建立并形成与未来应对气候变化工作相适应的、高效的组织机构和管理体系。

第四部分　中国应对气候变化的相关政策和措施

按照全面贯彻落实科学发展观的要求，把应对气候变化与实施可持续发展战略、加快建设资源节约型、环境友好型社会和创新型国家结合起来，纳入国民经济和社会发展总体规划和地区规划；一方面抓减缓温室气体排放，一方面抓提高适应气候变化的能力。中国将采取一系列法律、经济、行政及技术等手段，大力节约能源，优化能源结构，改善生态环境，提高适应能力，加强科技开发和研究能力，提高公众的气候变化意识，完善气候变化管理机制，努力实现本方案提出的目标与任务。

一、减缓温室气体排放的重点领域

（一）能源生产和转换

1. 制定和实施相关法律法规

大力加强能源立法工作，建立健全能源法律体系，促进中国能源发展战略的实施，确立能源中长期规划的法律地位，促进能源结构的优化，减缓由能源生产和转换过程产生的温室气体排放。采取的主要措施包括：

——加快制定和修改有利于减缓温室气体排放的相关法规。根据中国今后经济社会可持续发展对构筑稳定、经济、清洁、安全能源供应与服务体系的要求，尽快制定和颁布实施《中华人民共和国能源法》，并根据该法的原则和精神，对《中华人民共和国煤炭法》、《中华人民共和国电力法》等法律法规进行相应修订，进一步强化清洁、低碳能源开发和利用的鼓励政策。

——加强能源战略规划研究与制定。研究提出国家中长期能源战略，并尽快制定和完善中国能源的总体规划以及煤炭、电力、油气、核电、可再生能源、石油储备等专项规划，提高中国能源的可持续供应能力。

——全面落实《中华人民共和国可再生能源法》。制定相关配套法规和政策，制定国家和地方可再生能源发展专项规划，明确发展目标，将可再生能源发展作为建设资源节约型和环境友好型社会的考核指标，并通过法律等途径引导和激励国内外各类经济主体参与开发利用可再生能源，促进能源的清洁发展。

2. 加强制度创新和机制建设

——加快推进中国能源体制改革。着力推进能源管理体制改革，依靠市场机制和政府推动，进一步优化能源结构；积极稳妥地推进能源价格改革，逐步形成能够反映资源稀缺程度、市场供求关系和污染治理成本的价格形成机制，建立有助于实现能源结构调整和可持续发展的价格体系；深化对外贸易体制改革，控制高耗能、高污染和资源性产品出口，形成有利于促进能源结构优质化和清洁化的进出口结构。

——进一步推动中国可再生能源发展的机制建设。按照政府引导、政策支持和市场推动相结合的原则，建立稳定的财政资金投入机制，通过政府投资、政府特许等措施，培育持续稳定增长的可再生能源市场；改善可再生能源发展的市场环境，国家电网和石油销售企业将按照《中华人民共和国可再生能源法》的要求收购可再生能源产品。

3. 强化能源供应行业的相关政策措施

——在保护生态基础上有序开发水电。把发展水电作为促进中国能源结构向清洁低碳化方向发展的重要措施。在做好环境保护和移民安置工作的前提下，合理开发和利用丰富的水力资源，加快水电开发步伐，重点加快西部水电建设，因地制宜开发小水电资源。通过上述措施，预计2010年可减少二氧化碳排放约5亿吨。

——积极推进核电建设。把核能作为国家能源战略的重要组成部分，逐步提高核电在中国一次能源供应总量中的比重，加快经济发达、电力负荷集中的沿海地区的核电建设；坚持以我为主、中外合作、引进技术、推进自主化的核电建设方针，统一技术路线，采用先进技术，实现大型核电机组建设的自主化和本地化，提高核电产业的整体能力。通过上述措施，预计2010年可减少二氧化碳排放约0.5亿吨。

——加快火力发电的技术进步。优化火电结构，加快淘汰落后的小火电机组，适当发展以天然气、煤层气为燃料的小型分散电源；大力发展单机60万千瓦及以上超（超）临界机组、大型联合循环机组等高效、洁净发电技术；发展热电联产、热电冷联产和热电煤气多联供技术；加强电网建设，采用先进的输、变、配电技术和设备，降低输、变、配电损耗。通过上述措施，预计 2010 年可减少二氧化碳排放约 1.1 亿吨。

——大力发展煤层气产业。将煤层气勘探、开发和矿井瓦斯利用作为加快煤炭工业调整结构、减少安全生产事故、提高资源利用率、防止环境污染的重要手段，最大限度地减少煤炭生产过程中的能源浪费和甲烷排放。主要鼓励政策包括：对地面抽采项目实行探矿权、采矿权使用费减免政策，对煤矿瓦斯抽采利用及其他综合利用项目实行税收优惠政策，煤矿瓦斯发电项目享受《中华人民共和国可再生能源法》规定的鼓励政策，工业、民用瓦斯销售价格不低于等热值天然气价格，鼓励在煤矿瓦斯利用领域开展清洁发展机制项目合作等。通过上述措施，预计 2010 年可减少温室气体排放约 2 亿吨二氧化碳当量。

——推进生物质能源的发展。以生物质发电、沼气、生物质固体成型燃料和液体燃料为重点，大力推进生物质能源的开发和利用。在粮食主产区等生物质能源资源较丰富地区，建设和改造以秸秆为燃料的发电厂和中小型锅炉。在经济发达、土地资源稀缺地区建设垃圾焚烧发电厂。在规模化畜禽养殖场、城市生活垃圾处理场等建设沼气工程，合理配套安装沼气发电设施。大力推广沼气和农林废弃物气化技术，提高农村地区生活用能的燃气比例，把生物质气化技术作为解决农村和工业生产废弃物环境问题的重要措施。努力发展生物质固体成型燃料和液体燃料，制定有利于以生物燃料乙醇为代表的生物质能源开发利用的经济政策和激励措施，促进生物质能源的规模化生产和使用。通过上述措施，预计 2010 年可减少温室气体排放约 0.3 亿吨二氧化碳当量。

——积极扶持风能、太阳能、地热能、海洋能等的开发和利用。通过大规模的风电开发和建设，促进风电技术进步和产业发展，实现风电设备国产化，大幅降低成本，尽快使风电具有市场竞争能力；积极发展太阳能发电和太阳能热利用，在偏远地区推广户用光伏发电系统或建设小型光伏电站，在城市推广普及太阳能一体化建筑、太阳能集中供热水工程，建设太阳能采暖和制冷示范工程，在农村和小城镇推广户用太阳能热水器、太阳房和太阳灶；积极推进地热能和海洋能的开发利用，推广满足环境和水资源保护要求的地热供暖、供热水和地源热泵技术，研究开发深层地热发电技术；在浙江、福建和广东等地发展潮汐发电，研究利用波浪能等其他海洋能发电技术。通过上述措施，预计 2010 年可减少二氧化碳排放约 0.6 亿吨。

4. 加大先进适用技术开发和推广力度

大力提高常规能源、新能源和可再生能源开发和利用技术的自主创新能力，促进能源工业可持续发展，增强应对气候变化的能力。

——煤的清洁高效开发和利用技术。重点研究开发煤炭高效开采技术及配套装备、重型燃气轮机、整体煤气化联合循环(IGCC)、高参数超(超)临界机组、超临界大型循环流化床等高效发电技术与装备，开发和应用液化及多联产技术，大力开发煤液化以及煤气化、煤化工等转化技术、以煤气化为基础的多联产系统技术、二氧化碳捕获及利用、封存技术等。

——油气资源勘探开发利用技术。重点开发复杂断块与岩性地层油气藏勘探技术，低品位油气资源高效开发技术，提高采收率技术，深层油气资源勘探开发技术，重点研究开发深海油气藏勘探技术和稠油油藏提高采收率综合技术。

——核电技术。研究并掌握快堆设计及核心技术，相关核燃料和结构材料技术，突破钠循环等关键技术，积极参与国际热核聚变实验反应堆的建设和研究。

——可再生能源技术。重点研究低成本规模化开发利用技术，开发大型风力发电设备，高性价比太阳光伏电池及利用技术，太阳能热发电技术，太阳能建筑一体化技术，生物质能和地热能等开发利用技术。

——输配电和电网安全技术。重点研究开发大容量远距离直流输电技术和特高压交流输电技术与装备，间歇式电源并网及输配技术，电能质量监测与控制技术，大规模互联电网的安全保障技术，西电东送工程中的重大关键技术，电网调度自动化技术，高效配电和供电管理信息技术和系统。

（二）提高能源效率与节约能源

1. 加快相关法律法规的制定和实施

——健全节能法规和标准。修订完善《中华人民共和国节约能源法》，建立严格的节能管理制度，完善各行为主体责任，强化政策激励，明确执法主体，加大惩戒力度；抓紧制定和修订《节约用电管理办法》、《节约石油管理办法》、《建筑节能管理条例》等配套法规；制定和完善主要工业耗能设备、家用电器、照明器具、机动车等能效标准，修订和完善主要耗能行业节能设计规范、建筑节能标准，加快制定建筑物制冷、采暖温度控制标准等。

——加强节能监督检查。健全强制淘汰高耗能、落后工艺、技术和设备的制度，依法淘汰落后的耗能过高的用能产品、设备；完善重点耗能产品和新建建筑的市场准入制度，对达不到最低能效标准的产品，禁止生产、进口和销售，对不符合建筑节能设计标准的建筑，不准销售和使用；依法加强对重点用能单位能源利用状况的监督检查，加强对高耗能行业及政府办公建筑和大型公共建筑等公共设施用能情况的监督；加强对产品能效标准、建筑节能设计标准和行业设计规范执行情况的检查。

2. 加强制度创新和机制建设

——建立节能目标责任和评价考核制度。实施 GDP 能耗公报制度，完善节能信息发布制度，利用现代信息传播技术，及时发布各类能耗信息，引导地方和企业加强节能工作。

——推行综合资源规划和电力需求侧管理，将节约量作为资源纳入总体规划，引导资源合理配置，采取有效措施，提高终端用电效率、优化用电方式，节约电力。

——大力推动节能产品认证和能效标识管理制度的实施，运用市场机制，鼓励和引导用户和消费者购买节能型产品。

——推行合同能源管理，克服节能新技术推广的市场障碍，促进节能产业化，为企业实施节能改造提供诊断、设计、融资、改造、运行、管理一条龙服务。

——建立节能投资担保机制，促进节能技术服务体系的发展。

——推行节能自愿协议，最大限度地调动企业和行业协会的节能积极性。

3. 强化相关政策措施

——大力调整产业结构和区域合理布局。推动服务业加快发展，提高服务业在国民经济中的比重。把区域经济发展与能源节约、环境保护、控制温室气体排放有机结合起来，根据资源环境承载能力和发展潜力，按照主体功能区划要求，确定不同区域的功能定位，促进形成各具特色的区域发展格局。

——严格执行《产业结构调整指导目录》。控制高耗能、高污染产业规模，降低高耗能、高污染产业比重，鼓励发展高新技术产业，优先发展对经济增长有重大带动作用的低能耗的信息产业，制定并实施钢铁、有色、水泥等高耗能行业发展规划和产业政策，提高行业准入标准，制定并完善国内紧缺资源及高耗能产品出口的政策。

——制定节能产品优惠政策。重点是终端用能设备，包括高效电动机、风机、水泵、变压器、家用电器、照明产品及建筑节能产品等，对生产或使用目录所列节能产品实行鼓励政策，并将节能产品纳入政府采购目录，对一些重大节能工程项目和重大节能技术开发、示范项目给予投资和资金补助或贷款贴息支持，研究制定发展节能省地型建筑和绿色建筑的经济激励政策。

——研究鼓励发展节能环保型小排量汽车和加快淘汰高油耗车辆的财政税收政策。择机实施燃油税改革方案，制定鼓励节能环保型小排量汽车发展的产业政策，制定鼓励节能环保型小排量汽车消费的政策措施，取消针对节能环保型小排量汽车的各种限制，引导公众树立节约型汽车消费理念，大力发展公共交通，提高轨道交通在城市交通中的比例，研究鼓励混合动力汽车、纯电动汽车的生产和消费政策。

4. 强化重点行业的节能技术开发和推广

——钢铁工业。焦炉同步配套干熄焦装置，新建高炉同步配套余压发电装置，积极采用精料入炉、富氧喷煤、铁水预处理、大型高炉、转炉和超高功率电炉、炉外精炼、连铸、连轧、控轧、控冷等先进工艺技术和装备。

——有色金属工业。矿山重点采用大型、高效节能设备，铜熔炼采用先进的富氧闪速及富氧熔池熔炼工艺，电解铝采用大型预焙电解槽，铅熔炼采用氧气底吹炼铅新工艺及其他氧气直接炼铅技术，锌冶炼发展新型湿法工艺。

——石油化工工业。油气开采应用采油系统优化配置、稠油热采配套节能、注水系统优化运行、二氧化碳回注、油气密闭集输综合节能和放空天然气回收利用等技术，优化乙烯生产原料结构，采用先进技术改造乙烯裂解炉，大型合成氨装置采用先进节能工艺、新型催化剂和高效节能设备，以天然气为原料的合成氨推广一段炉烟气余热回收技术，以石油为原料的合成氨加快以天然气替代原料油的改造，中小型合成氨采用节能设备和变压吸附回收技术，采用水煤浆或先进粉煤气化技术替代传统的固定床造气技术，逐步淘汰烧碱生产石墨阳极隔膜法烧碱，提高离子膜法烧碱比重等措施。

——建材工业。水泥行业发展新型干法窑外分解技术，积极推广节能粉磨设备和水泥窑余热发电技术，对现有大中型回转窑、磨机、烘干机进行节能改造，逐步淘汰机立窑、湿法窑、干法中空窑及其他落后的水泥生产工艺。利用可燃废弃物替代矿物燃料，综合利用工业废渣和尾矿。玻璃行业发展先进的浮法工艺，淘汰落后的垂直引上和平拉工艺，推广炉窑全保温技术、富氧和全氧燃烧技术等。建筑陶瓷行业淘汰倒焰窑、推板窑、多孔窑等落后窑型，推广辊道窑技术。卫生陶瓷生产改变燃料结构，采用洁净气体燃料无匣钵烧成工艺。积极推广应用新型墙体材料以及优质环保节能的绝热隔音材料、防水材料和密封材料，提高高性能混凝土的应用比重，延长建筑物的寿命。

——交通运输。加速淘汰高耗能的老旧汽车，加快发展柴油车、大吨位车和专业车，推广厢式货车，发展集装箱等专业运输车辆；推动《乘用车燃料消耗量限值》国家标准的实施，从源头控制高耗油汽车的发展；加快发展电气化铁路，开发交—直—交高效电力机车，推广电气化铁路牵引功率因数补偿技术和其他节电措施，发展机车向客车供电技术，推广使用客车电源，逐步减少和取消柴油发电车；采用节油机型，提高载运率、客座率和运输周转能力，提高燃油效率，降低油耗；通过制定船舶技术标准，加速淘汰老旧船舶；采用新船型和先进动力系统。

——农业机械。淘汰落后农业机械；采用先进柴油机节油技术，降低柴油机燃油消耗；推广少耕免耕法、联合作业等先进的机械化农艺技术；在固定作业场地更多的使用电动机；开发水能、风能、太阳能等可再生能源在农业机械上的应用。通过淘汰落后渔船，提高利用效率，降低渔业油耗。

——建筑节能。重点研究开发绿色建筑设计技术，建筑节能技术与设备，供热系统和空调系统节能技术和设备，可再生能源装置与建筑一体化应用技术，精致建造和绿色建筑施工技术与装备，节能建材与绿色建材，建筑节能技术标准，既有建筑节能改造技术和标准。

——商业和民用节能。推广高效节能电冰箱、空调器、电视机、洗衣机、电脑等家用及办公电器，降低待机能耗，实施能效标准和标识，规范节能产品市场。推广稀土节能灯等高效荧光灯类产品、高强度气体放电灯及电子镇流器，减少普通白炽灯使用比例，逐步淘汰高压汞灯，实施照明产品能效标准，提高高效节能荧光灯使用比例。

5. 进一步落实《节能中长期专项规划》提出的十大重点节能工程

积极推进燃煤工业锅炉（窑炉）改造、区域热电联产、余热余压利用、节约和替代石油、电机系统节能、能量系统优化、建筑节能、绿色照明、政府机构节能、节能监测和技术服务体系建设等十大重点节能工程的实施，确保工程实施的进度和效果，尽快形成稳定的节能能力。通过实施上述十大重点节能工程，预计"十一五"期间可实现节能 2.4 亿吨标准煤，相当于减排二氧化碳约 5.5 亿吨。

（三）工业生产过程

——大力发展循环经济，走新型工业化道路。按照"减量化、再利用、资源化"原则和走新型工业化道路的要求，采取各种有效措施，进一步促进工业领域的清洁生产和循环经济的发展，加快建设资源节约型、环境友好型社会，在满足未来经济社会发展对工业产品基本需求的同时，尽可能减少水泥、石灰、钢铁、电石等产品的使用量，最大限度地减少这些产品在生产和使用过程中产生的二氧化碳等温室气体排放。

——强化钢材节约，限制钢铁产品出口。进一步贯彻落实《钢铁产业发展政策》，鼓励用可再生材料替代钢材和废钢材回收，减少钢材使用数量；鼓励采用以废钢为原料的短流程工艺；组织修订和完善建筑钢材使用设计规范和标准，在确保安全的情况下，降低钢材使用系数；鼓励研究、开发和使用高性能、低成本、低消耗的新型材料，以替代钢材；鼓励钢铁企业生产高强度钢材和耐腐蚀钢材，提高钢材强度和使用寿命；取消或降低铁合金、生铁、废钢、钢坯（锭）、钢材等钢铁产品的出口退税，限制这些产品的出口。

——进一步推广散装水泥、鼓励水泥掺废渣。继续执行"限制袋装、鼓励和发展散装"的方针，完善对生产企业销售袋装水泥和使用袋装水泥的单位征收散装水泥专项资金的政策，继续执行对掺废渣水泥产品实行减免税优惠待遇等政策，进一步推广预拌混凝土、预拌砂浆等措施，保持中国散装水泥高速发展的势头。

——大力开展建筑材料节约。进一步推广包括节约建筑材料的"四节"（节能、节水、节材、节地）建筑，积极推进新型建筑体系，推广应用高性能、低材耗、可再生循环利用的建筑材料；大力推广应用高强钢和高性能混凝土；积极开展建筑垃圾与废品的回收和利用；充分利用秸秆等产品制作植物纤维板；落实严格设计、施工等材料消耗核算制度的要求，修订相关工程消耗量标准，引导企业推进节材技术进步。

——进一步推动己二酸等生产企业开展清洁发展机制项目等国际合作，积极寻求控制氧化亚氮及氢氟碳化物（HFCs）、全氟化碳（PFCs）和六氟化硫（SF_6）等温室气体排放所需的资金和技术援助，提高排放控制水平，以减少各种温室气体的排放。

（四）农业

——加强法律法规的制定和实施。逐步建立健全以《中华人民共和国农业法》、《中华人民共和国草原法》、《中华人民共和国土地管理法》等若干法律为基础的、各种行政法规相配合的、能够改善农业生产力和增加农业生态系统碳储量的法律法规体系，加快制定农田、草原保护建设规划，严格控制在生态环境脆弱的地区开垦土地，不允许以任何借口毁坏草地和浪费土地。

——强化高集约化程度地区的生态农业建设。通过实施农业面源污染防治工程，推广化肥、农药合理使用技术，大力加强耕地质量建设，实施新一轮沃土工程，科学施用化肥，引导增施有机肥，全面提升地力，减少农田氧化亚氮排放。

——进一步加大技术开发和推广利用力度。选育低排放的高产水稻品种，推广水稻半旱式栽培技术，采用科学灌溉技术，研究和发展微生物技术等，有效降低稻田甲烷排放强度；研究开发优良反刍动物品种技术，规模化饲养管理技术，降低畜产品的甲烷排放强度；进一步推广秸秆处理技术，促进户用沼气技术的发展；开发推广环保型肥料关键技术，减少农田氧化亚氮排放；大力推广秸秆还田和少（免）耕技术，增加农田土壤碳贮存。

（五）林业

——加强法律法规的制定和实施。加快林业法律法规的制定、修订和清理工作。制定天然林保护条例、林木和林地使用权流转条例等专项法规；加大执法力度，完善执法体制，加强执法检查，扩大社会监督，建立执法动态监督机制。

——改革和完善现有产业政策。继续完善各级政府造林绿化目标管理责任制和部门绿化责任制，进一步探索市场经济条件下全民义务植树的多种形式，制定相关政策推动义务植树和部门绿化工作的深入发展。通过相关产业政策的调整，推动植树造林工作的进一步发展，增加森林资源和林业碳汇。

——抓好林业重点生态建设工程。继续推进天然林资源保护、退耕还林还草、京津风沙源治理、防护林体系、野生动植物保护及自然保护区建设等林业重点生态建设工程，抓好生物质能源林基地建设，通过有效实施上述重点工程，进一步保护现有森林碳贮存，增加陆地碳贮存和吸收汇。

（六）城市废弃物

——强化相关法律法规的实施。切实贯彻落实《中华人民共和国固体废物污染环境防治法》和《城市市容和环境卫生管理条例》、《城市生活垃圾管理办法》等法律法规，使管理的重点由目前的末端管理过渡到全过程管理，即垃圾的源头削减、回收利用和最终的无害化处理，最大限度地规范垃圾产生者和处理者的行为，并把城市生活垃圾处理工作纳入城市总体规划。

——进一步完善行业标准。根据新形势要求，制定强制性垃圾分类和回收标准，提高垃圾的资源综合利用率，从源头上减少垃圾产生量。严格执行并进一步修订现行的《城市生活垃圾分类及其评价标准》、《生活垃圾卫生填埋技术规范》、《生活垃圾填埋无害化评价标准》等行业标准，提高对填埋场产生的可燃气体的收集利用水平，减少垃圾填埋场的甲烷排放量。

——加大技术开发和利用的力度。大力研究开发和推广利用先进的垃圾焚烧技术，提高国产化水平，有效降低成本，促进垃圾焚烧技术产业化发展。研究开发适合中国国情、规模适宜的垃圾填埋气回收利用技术和堆肥技术，为中小城市和农村提供亟需的垃圾处理技术。加大对技术研发、示范和推广利用的支持力度，加快垃圾处理和综合利用技术的发展步伐。

——发挥产业政策的导向作用。以国家产业政策为导向，通过实施生活垃圾处理收费制度，推行环卫行业服务性收费、经济承包责任制和生产事业单位实行企业化管理等措施，促进垃圾处理体制改革，改善目前分散式的垃圾收集利用方式，推动垃圾处理的产业化发展。

——制定促进填埋气体回收利用的激励政策。制定激励政策，鼓励企业建设和使用填埋气体收集利用系统。提高征收垃圾处置费的标准，对垃圾填埋气体发电和垃圾焚烧发电的上网电价给予优惠，对填埋气体收集利用项目实行优惠的增值税税率，并在一定时间内减免所得税。

二、适应气候变化的重点领域

（一）农业

——继续加强农业基础设施建设。加快实施以节水改造为中心的大型灌区续建配套，着力搞好田间工程建设，更新改造老化机电设备，完善灌排体系。继续推进节水灌溉示范，在粮食主产区进行规模化建设试点，干旱缺水地区积极发展节水旱作农业，继续建设旱作农业示范区。狠抓小型农田水利建设，重点建设田间灌排工程、小型灌区、非灌区抗旱水源工程。加大粮食主产区中低产田盐碱和渍害治理力度，加快丘陵山区和其他干旱缺水地区雨水集蓄利用工程建设。

——推进农业结构和种植制度调整。优化农业区域布局，促进优势农产品向优势产区集中，形成优势农产品产业带，提高农业生产能力。扩大经济作物和饲料作物的种植，促进种植业结构向粮食作物、饲料作物和经济作物三元结构的转变。调整种植制度，发展多熟制，提高复种指数。

——选育抗逆品种。培育产量潜力高、品质优良、综合抗性突出和适应性广的优良动植物新品种。改进作物和品种布局，有计划地培育和选用抗旱、抗涝、抗高温、抗病虫害等抗逆品种。

——遏制草地荒漠化加重趋势。建设人工草场，控制草原的载畜量，恢复草原植被，增加草原覆盖度，防止荒漠化进一步蔓延。加强农区畜牧业发展，增强畜牧业生产能力。

——加强新技术的研究和开发。发展包括生物技术在内的新技术，力争在光合作用、生物固氮、生物技术、病虫害防治、抗御逆境、设施农业和精准农业等方面取得重大进展。继续实施"种子工程"、"畜禽水产良种工程"，搞好大宗农作物、畜禽良种繁育基地建设和扩繁推广。加强农业技术推广，提高农业应用新技术的能力。

（二）森林和其他自然生态系统

——制定和实施与适应气候变化相关的法律法规。加快《中华人民共和国森林法》、《中华人民共和国野生动物保护法》的修订，起草《中华人民共和国自然保护区法》，制定湿地保护条例等，并在有关法律法规中增加和强化与适应气候变化相关的条款，为提高森林和其他自然生态系统适应气候变化能力提供法制化保障。

——强化对现有森林资源和其他自然生态系统的有效保护。对天然林禁伐区实施严格保护，使天然林生态系统由逆向退化向顺向演替转变。实施湿地保护工程，有效减少人为干扰和破坏，遏制湿地面积下滑趋势。扩大自然保护区面积，提高自然保护区质量，建立保护区走廊。加强森林防火，建立完善的森林火灾预测预报、监测、扑救助、林火阻隔及火灾评估体系。积极整合现有林业监测资源，建立健全国家森林资源与生态状况综合监测体系。加强森林病虫害控制，进一步建立健全森林病虫害监测预警、检疫御灾及防灾减灾体系，加强综合防治，扩大生物防治。

——加大技术开发和推广应用力度。研究与开发森林病虫害防治和森林防火技术，研究选育耐寒、耐旱、抗病虫害能力强的树种，提高森林植物在气候适应和迁移过程中的竞争和适应能力。开发和利用生物多样性保护和恢复技术，特别是森林和野生动物类型自然保护区、湿地保护与修复、濒危野生动植物物种保护等相关技术，降低气候变化对生物多样性的影响。加强森林资源和森林生态系统定位观测与生态环境监测技术，包括森林环境、荒漠化、野生动植物、湿地、林火和森林病虫害等监测技术，完善生态环境监测网络和体系，提高预警和应急能力。

（三）水资源

——强化水资源管理。坚持人与自然和谐共处的治水思路，在加强堤防和控制性工程建设的同时，积极退田还湖（河）、平垸行洪、疏浚河湖，对于生态严重恶化的河流，采取积极措施予以修复和保护。加强水资源统一管理，以流域为单元实行水资源统一管理，统一规划，统一调度。注重水资源的节约、保护和优化配置，改变水资源"取之不尽、用之不竭"的错误观念，从传统的"以需定供"转为"以供定需"。建立国家初始水权分配制度和水权转让制度。建立与市场经济体制相适应的水利工程投融资体制和水利工程管理体制。

——加强水利基础设施的规划和建设。加快建设南水北调工程，通过三条调水线路与长江、黄河、淮河和海河四大江河联通，逐步形成"四横三纵、南北调配、东西互济"的水资源优化配置格局。加强水资源控制工程(水库等)建设、灌区建设与改造，继续实施并开工建设一些区域性调水和蓄水工程。

——加大水资源配置、综合节水和海水利用技术的研发与推广力度。重点研究开发大气水、地表水、土壤水和地下水的转化机制和优化配置技术，污水、雨洪资源化利用技术，人工增雨技术等。研究开发工业用水循环利用技术，开发灌溉节水、旱作节水与生物节水综合配套技术，重点突破精量灌溉技术、智能化农业用水管理技术及设备，加强生活节水技术及器具开发。加强海水淡化技术的研究、开发与推广。

(四)海岸带及沿海地区

——建立健全相关法律法规。根据《中华人民共和国海洋环境保护法》和《中华人民共和国海域使用管理法》，结合沿海各地区的特点，制定区域管理条例或实施细则。建立合理的海岸带综合管理制度、综合决策机制以及行之有效的协调机制，及时处理海岸带开发和保护行动中出现的各种问题。建立综合管理示范区。

——加大技术开发和推广应用力度。加强海洋生态系统的保护和恢复技术研发，主要包括沿海红树林的栽培、移种和恢复技术，近海珊瑚礁生态系统以及沿海湿地的保护和恢复技术，降低海岸带生态系统的脆弱性。加快建设已经选划的珊瑚礁、红树林等海洋自然保护区，提高对海洋生物多样性的保护能力。

——加强海洋环境的监测和预警能力。增设沿海和岛屿的观测网点，建设现代化观测系统，提高对海洋环境的航空遥感、遥测能力，提高应对海平面变化的监视监测能力。建立沿海潮灾预警和应急系统，加强预警基础保障能力，加强业务化预警系统能力和加强预警产品的制作与分发能力，提高海洋灾害预警能力。

——强化应对海平面升高的适应性对策。采取护坡与护滩相结合、工程措施与生物措施相结合，提高设计坡高标准，加高加固海堤工程，强化沿海地区应对海平面上升的防护对策。控制沿海地区地下水超采和地面沉降，对已出现地下水漏斗和地面沉降区进行人工回灌。采取陆地河流与水库调水、以淡压咸等措施，应对河口海水倒灌和咸潮上溯。提高沿海城市和重大工程设施的防护标准，提高港口码头设计标高，调整排水口的底高。大力营造沿海防护林，建立一个多林种、多层次、多功能的防护林工程体系。

三、气候变化相关科技工作

——加强气候变化相关科技工作的宏观管理与协调。深化对气候变化相关科技工作重要意义的认识，努力贯彻落实"自主创新、重点跨越、支撑发展、引领未来"的科技指导方针和《国家中长期科学和技术发展规划纲要》对气候变化相关科技工作提出的要求，加强气候变化领域科技工作的宏观管理和政策引导，健全气候变化相关科技工作的领导和协调机制，完善气候变化相关科技工作在各地区和各部门的整体布局，进一步强化对气候变化相关科技工作的支持力度，加强气候变化科技资源的整合，鼓励和支持气候变化科技领域的创新，充分发挥科学技术在应对和解决气候变化方面的基础和支撑作用。

——推进中国气候变化重点领域的科学研究与技术开发工作。加强气候变化的科学事实与不确定性、气候变化对经济社会的影响、应对气候变化的经济社会成本效益分析和应对气候变化的技术选择与效果评价等重大问题的研究。加强中国气候观测系统建设，开发全球气候变化监测技术、温室气体减排技术和气候变化适应技术等，提高中国应对气候变化和履行国际公约的能力。重点研究开发大尺度气候变化准确监测技术、提高能效和清洁能源技术、主要行业二氧化碳、甲烷等温室气体的排放控制与处置利用技术、生物固碳技术及固碳工程技术等。

——加强气候变化科技领域的人才队伍建设。加强气候变化科技领域的人才培养，建立人才激励与竞争的有效机制，创造有利于人才脱颖而出的学术环境和氛围，特别重视培养具有国际视野和能够引领学科发展的学术带头人和尖子人才，鼓励青年人才脱颖而出。加强气候变化的学科建设，加大人才队伍的建设和整合力度，在气候变化领域科研机构建立"开放、流动、竞争、协作"的运行机制，充分利用多种渠道和方式提高中国科学家的研究水平和中国主要研究机构的自主创新能力，形成具有中国特色的气候变化科技管理队伍和研发队伍，并鼓励和推荐中国科学家参与气候变化领域国际科研计划和在相关国际研究机构中担任职务。

——加大对气候变化相关科技工作的资金投入。加大政府对气候变化相关科技工作的资金支持力度，建立相对稳定的政府资金渠道，确保资金落实到位、使用高效，发挥政府作为投入主渠道的作用。多渠道筹措资金，吸引社会各界资金投入气候变化的科技研发工作，将科技风险投资引入气候变化领域。充分发挥企业作为技术创新主体的作用，引导中国企业加大对气候变化领域技术研发的投入。积极利用外国政府、国际组织等双边和多边基金，支持中国开展气候变化领域的科学研究与技术开发。

四、气候变化公众意识

——发挥政府的推动作用。各级政府要把提高公众意识作为应对气候变化的一项重要工作抓紧抓好。要进一步提高各级政府领导干部、企事业单位决策者的气候变化意识，逐步建立一支具有较高全球气候变化意识的干部队伍；利用社会各界力量，宣传我国应对气候变化的各项方针政策，提高公众应对气候变化的意识。

——加强宣传、教育和培训工作。利用图书、报刊、音像等大众传播媒介，对社会各阶层公众进行气候变化方面的宣传活动，鼓励和倡导可持续的生活方式，倡导节约用电、用水，增长垃圾循环利用和垃圾分类的自觉意识等；在基础教育、成人教育、高等教育中纳入气候变化普及与教育的内容，使气候变化教育成为素质教育的一部分；举办各种专题培训班，就有关气候变化的各种问题，针对不同的培训对象开展专题培训活动，组织有关气候变化的科普学术研讨会；充分利用信息技术，进一步充实现有气候变化信息网站的内容及功能，使其真正成为获取信息、交流沟通的一个快速而有效的平台。

——鼓励公众参与。建立公众和企业界参与的激励机制，发挥企业参与和公众监督的作用。完善气候变化信息发布的渠道和制度，拓宽公众参与和监督渠道，充分发挥新闻媒介的舆论监督和导向作用。增加有关气候变化决策的透明度，促进气候变化领域管理的科学化和民主化。积极发挥民间社会团体和非政府组织的作用，促进广大公众和社会各界参与减缓全球气候变化的行动。

——加强国际合作与交流。加强国际合作，促进气候变化公众意识方面的合作与交流，积极借鉴国际上好的做法，完善国内相关工作。积极开展与世界各国关于全球气候变化的出版物、影视和音像作品的交流和交换，建立资料信息库，为国内有关单位、研究机构、高等学校等查询、了解气候变化相关信息提供服务。

五、机构和体制建设

——加强应对全球气候变化工作的领导。应对气候变化涉及经济社会、内政外交，国务院决定成立国家应对气候变化领导小组，温家宝总理担任组长，曾培炎副总理、唐家璇国务委员担任副组长。领导小组将研究确定国家应对气候变化的重大战略、方针和对策，协调解决应对气候变化工作中的重大问题。应对气候变化工作的办事机构设在发展改革委。国务院有关部门要认真履行职责，加强协调配合，形成应对气候变化的合力。地方各级人民政府要加强对本地区应对气候变化工作的组织领导，抓紧制定本地区应对气候变化的方案，并认真组织实施。

——建立地方应对气候变化的管理体系。建立地方应对气候变化管理机构，贯彻落实《国家方案》的相关内容，组织协调本地区应对气候变化的工作，协调本地区各方面的行动。建立地方气候变化专家队伍，根据各地区在地理环境、气候条件、经济发展水平等方面的具体情况，因地制宜地制定应对气候变化的相关政策措施。同时加强中央政府与地方政府的协调，促进相关政策措施的顺利实施。

——有效利用中国清洁发展机制基金。根据《清洁发展机制项目运行管理办法》中的有关规定，中国政府对清洁发展机制项目收取一定比例的"温室气体减排量转让额"，用于建立中国清洁发展机制基金，并通过基金管理中心支持气候变化领域的相关活动。中国清洁发展机制基金的建立，对于加强气候变化基础研究工作，提高适应与减缓气候变化的能力，保障《国家方案》的有效实施，缓解气候变化领域的资金需求压力，都将起到积极的作用。

第五部分　中国对若干问题的基本立场及国际合作需求

气候变化主要是发达国家自工业革命以来大量排放二氧化碳等温室气体造成的，其影响已波及全球。应对气候变化，需要国际社会广泛合作。为有效应对气候变化，并落实本方案，中国愿与各国加强合作，并呼吁发达国家按《气候公约》规定，切实履行向发展中国家提供资金和技术的承诺，提高发展中国家应对气候变化的能力。

一、中国对气候变化若干问题的基本立场

（一）减缓温室气体排放

减缓温室气体排放是应对气候变化的重要方面。《气候公约》附件一缔约方国家应按

"共同但有区别的责任"原则率先采取减排措施。发展中国家由于其历史排放少，当前人均温室气体排放水平比较低，其主要任务是实现可持续发展。中国作为发展中国家，将根据其可持续发展战略，通过提高能源效率、节约能源、发展可再生能源、加强生态保护和建设、大力开展植树造林等措施，努力控制温室气体排放，为减缓全球气候变化做出贡献。

（二）适应气候变化

适应气候变化是应对气候变化措施不可分割的组成部分。过去，适应方面没有引起足够的重视，这种状况必须得到根本改变。国际社会今后在制定进一步应对气候变化法律文书时，应充分考虑如何适应已经发生的气候变化问题，尤其是提高发展中国家抵御灾害性气候事件的能力。中国愿与国际社会合作，积极参与适应领域的国际活动和法律文书的制定。

（三）技术合作与技术转让

技术在应对气候变化中发挥着核心作用，应加强国际技术合作与转让，使全球共享技术发展所产生的惠益。应建立有效的技术合作机制，促进应对气候变化技术的研发、应用与转让；应消除技术合作中存在的政策、体制、程序、资金以及知识产权保护方面的障碍，为技术合作和技术转让提供激励措施，使技术合作和技术转让在实践中得以顺利进行；应建立国际技术合作基金，确保广大发展中国家买得起、用得上先进的环境友好型技术。

（四）切实履行《气候公约》和《京都议定书》的义务

《气候公约》规定了应对气候变化的目标、原则和承诺，《京都议定书》在此基础上进一步规定了发达国家2008—2012年的温室气体减排目标，各缔约方均应切实履行其在《气候公约》和《京都议定书》下的各项承诺，发达国家应切实履行其率先采取减排温室气体行动，并向发展中国家提供资金和转让技术的承诺。中国作为负责任的国家，将认真履行其在《气候公约》和《京都议定书》下的义务。

（五）气候变化区域合作

《气候公约》和《京都议定书》设立了国际社会应对气候变化的主体法律框架，但这绝不意味着排斥区域气候变化合作。任何区域性合作都应是对《气候公约》和《京都议定书》的有益补充，而不是替代或削弱，目的是为了充分调动各方面应对气候变化的积极性，推动务实的国际合作。中国将本着这种精神参与气候变化领域的区域合作。

二、气候变化国际合作需求

（一）技术转让和合作需求

——气候变化观测、监测技术。主要技术需求包括：大气、海洋和陆地生态系统观测技术，气象、海洋和资源卫星技术，气候变化监测与检测技术，以及气候系统的模拟和计算技术等方面，其中各种先进的观测设备制造技术、高分辨率和高精度卫星技术、卫星和遥感信息的提取和反演技术、高性能的气候变化模拟技术等都是中国在气候系统观测体系建设方面所急需的，是该领域技术合作需求的重点。

——减缓温室气体排放技术。中国正在进行大规模的基础设施建设，对减缓温室气排放重大技术的需求十分强烈。主要技术需求包括：先进的能源技术和制造技术，环保与资源综合利用技术，高效交通运输技术，新材料技术，新型建筑材料技术等方面，其中高效低污染燃煤发电技术，大型水力发电机组技术，新型核能技术，可再生能源技术，建筑节能技术，洁净燃气汽车、混合动力汽车技术，城市轨道交通技术，燃料电池和氢能技术，高炉富氧喷煤炼铁及长寿命技术，中小型氮肥生产装置的改扩建综合技术，路用新材料技术，新型墙体材料技术等在中国的应用与推广，将对减缓温室气体排放产生重大影响。

——适应气候变化技术。主要技术需求包括：喷灌、滴灌等高效节水农业技术，工业水资源节约与循环利用技术，工业与生活废水处理技术，居民生活节水技术，高效防洪技术，农业生物技术，农业育种技术，新型肥料与农作物病虫害防治技术，林业与草原病虫害防治技术，速生丰产林与高效薪炭林技术，湿地、红树林、珊瑚礁等生态系统恢复和重建技术，洪水、干旱、海平面上升、农业灾害等观测与预警技术等。如果中国能及时获得上述技术，将有助于增强中国适应气候变化的能力。

（二）能力建设需求

——人力资源开发方面。主要需求包括：气候变化基础研究、减缓和适应的政策分析、信息化建设、清洁发展机制项目管理等方面的人员培训、国际交流、学科建设和专业技能培养等能力建设。

——适应气候变化方面。主要需求包括：开发气候变化适应性项目，开展极端气候事件案例研究，完善气候观测系统，提高沿海地区及水资源和农业等部门适应气候变化等能力建设。

——技术转让与合作方面。主要需求包括：及时跟踪国际技术发展动态，有效识别与评价气候变化领域中的先进适用技术，促进技术转让与合作的对策分析，提高对转让技术的消化和吸收等能力建设。

——提高公众意识方面。主要需求包括：制定提高公众气候变化意识的中长期规划及相关政策，建立与国际接轨的专业宣传教育网络和机构，培养宣传教育人才，面向不同区域、不同层次利益相关者的宣传教育活动，宣传普及气候变化知识，引导公众选择有利于保护气候的消费模式等能力建设。

——信息化建设方面。主要需求包括：分布式的气候变化信息数据库群，基于网络的气候变化信息共享平台，以应用为导向的气候变化信息体系和信息服务体系，公益性信息服务体系和发展产业化信息服务体系，国际信息交流与合作等能力建设。

——国家信息通报编制方面。主要需求包括：满足清单编制需求的统计体系，确定主要排放因子所需的测试数据，清单质量控制、气候变化影响和适应性评价、未来温室气体排放预测等方法，以及国家温室气体数据库等能力建设。

国家适应气候变化战略

前　言

全球气候变化是人类共同面临的巨大挑战。应对气候变化，不仅要减少温室气体排放，也要采取积极主动的适应行动，通过加强管理和调整人类活动，充分利用有利因素，减轻气候变化对自然生态系统和社会经济系统的不利影响。

根据最新科学研究报告，在1880年至2012年期间，全球陆地和海洋表面平均温度上升了0.85℃，气候变化导致极端天气气候事件频发，冰川和积雪融化加剧，水资源分布失衡，生态系统受到威胁。气候变化还引起海平面上升，海岸带遭受洪涝、风暴等自然灾害影响更为严重，一些海岛和沿海低洼地区甚至面临被淹没的风险。气候变化对农、林、牧、渔等经济活动和城镇运行都会产生不利影响，加剧疾病传播，威胁社会经济发展和人民群众身体健康。根据政府间气候变化专门委员会报告，温度上升超过2.5℃时，全球所有区域都可能遭受不利影响；温度上升超过4℃时，则可能对全球生态系统带来不可逆的损害，造成全球经济重大损失，发展中国家所受损失将更为严重。

我国是发展中国家，人口众多、气候条件复杂、生态环境整体脆弱，正处于工业化、信息化、城镇化和农业现代化快速发展的历史阶段，气候变化已对粮食安全、水安全、生态安全、能源安全、城镇运行安全以及人民生命财产安全构成严重威胁，适应气候变化任务十分繁重，但全社会适应气候变化的意识和能力还普遍薄弱。

《中华人民共和国国民经济和社会发展第十二个五年规划纲要》明确提出要增强适应气候变化能力，制定国家适应气候变化战略。中国共产党第十八次全国代表大会把生态文明建设放在突出地位，对适应气候变化工作提出了新的要求。本战略在充分评估气候变化当前和未来对我国影响的基础上，明确国家适应气候变化工作的指导思想和原则，提出适应目标、重点任务、区域格局和保障措施，为统筹协调开展适应工作提供指导。本战略目标期到2020年，在具体实施中将根据形势变化和工作需要适时调整修订。

一、面临形势

（一）影响和趋势

我国气候类型复杂多样，大陆性季风气候特点显著，气候波动剧烈。与全球气候变化整体趋势相对应，我国平均气温明显上升。近100年来，年平均气温上升幅度略高于同期全球升温平均值，近50年变暖尤其明显。降水和水资源时空分布更加不均，区域降水变化波动加大，极端天气气候事件危害加剧。20世纪90年代以来，我国平均每年因极端天气气候事件造成的直接经济损失超过2000多亿元，死亡2000多人。

注：《国家适应气候变化战略》由国家发展改革委（发改气候〔2013〕2252号）等9部委（局）印发。

气候变化已经和持续影响到我国许多地区的生存环境和发展条件。区域性洪涝和干旱灾害呈增多增强趋势，北方干旱更加频繁，南方洪涝灾害、台风危害和季节性干旱更趋严重，低温冰雪和高温热浪等极端天气气候事件频繁发生。基础设施的建设和运行安全受到影响，农业生产的不稳定性和成本增加，水资源短缺日益严重，海平面不断上升，风暴潮、巨浪、海岸侵蚀、土壤盐渍化、咸潮等对海岸带和相关海域造成的损失更为明显，森林、湿地和草原等生态系统发生退化，生物多样性受到威胁，多种疾病特别是灾后传染性疾病发生和传播风险增大，对人体健康威胁加大。预计未来气温上升趋势更加明显，不利影响将进一步加剧，如不采取有效应对措施，极端天气气候事件引起的灾害损失将更为严重。

（二）工作现状

我国政府重视适应气候变化问题，结合国民经济和社会发展规划，采取了一系列政策和措施，取得了积极成效。

适应气候变化相关政策法规不断出台。 1994 年颁布的《中国二十一世纪议程》首次提出适应气候变化的概念，2007 年制定实施的《中国应对气候变化国家方案》系统阐述了各项适应任务，2010 年发布的《中华人民共和国国民经济和社会发展第十二个五年规划纲要》明确要求"在生产力布局、基础设施、重大项目规划设计和建设中，充分考虑气候变化因素。提高农业、林业、水资源等重点领域和沿海、生态脆弱地区适应气候变化水平"。农业、林业、水资源、海洋、卫生、住房和城乡建设等领域也制定实施了一系列与适应气候变化相关的重大政策文件和法律法规。

基础设施建设取得进展。 "十一五"期间，新增水库库容 381 亿立方米，新增供水能力 285 亿立方米，新建和加固堤防 17080 公里，完成专项规划内 6240 座大中型及重点小型病险水库除险加固任务。开展农田水利基本建设与旱涝保收标准农田建设，净增农田有效灌溉面积 5000 万亩。

相关领域适应工作有所进展。 推广应用农田节水技术 4 亿亩以上，"十一五"期间全国农田灌溉用水有效利用系数提高到 0.50。推广保护性耕作技术面积 8500 万亩以上，培育并推广高产优质抗逆良种，推广农业减灾和病虫害防治技术。开展造林绿化，全国完成造林面积 2529 万公顷，森林面积达到 1.95 亿公顷，森林覆盖率达到 20.36%，草原综合植被盖度达到 53%，新增城市公园绿地面积 15.8 万公顷，城市建成区绿地率达到 34.47%，城市建成区绿化覆盖率达到 38.62%。加强城乡饮用水卫生监督监测，保障居民饮用水安全。出台自然灾害卫生应急预案，基本建立了快速响应和防控框架。开展气象灾害风险区划、气候资源开发利用等系列工作，建立了较完善的人工增雨体系。开展生态移民，加强气候敏感脆弱区域的扶贫开发。

生态修复和保护力度得到加强。 保护森林、草原、湿地、荒漠生态系统和生物多样性。"十一五"期间，退耕还林工程完成造林 542 万公顷，退牧还草工程累计实施围栏建设 3240 万公顷，草原综合植被盖度达到 53%，新增湿地保护面积 150 万公顷，恢复各类湿地 8 万公顷，新增水土流失治理面积 23 万平方公里，治理小流域 2 万多个。建立各级各类自然保护区和野生动物疫源疫病监测站。开展红树林栽培移种、珊瑚礁保护、滨海湿地退养还滩等海洋生态恢复工作。

监测预警体系建设逐步开展。开展极端天气气候事件及其次生衍生灾害的综合观测、监测预测及预警。开展全国沿海海平面变化影响调查和海平面观测。

(三)薄弱环节

我国适应气候变化工作尽管取得了一些成绩，但基础能力仍待提高，工作中还存在许多薄弱环节。

适应工作保障体系尚未形成。适应气候变化的法律法规不够健全，各类规划制定过程中对气候变化因素的考虑普遍不足。应急管理体系亟需加强，各类灾害综合监测系统建设与适应需求之间还有较大差距，部分地区灾害监测、预报、预警能力不足。适应资金机制尚未建立，政府财政投入不足。科技支撑能力不足，国家、部门、产业和区域缺乏可操作性的适应技术清单，现有技术对于气候变化因素的针对性不强。

基础设施建设不能满足适应要求。基础设施建设、运行、调度、养护和维修的技术标准尚未充分考虑气候变化的影响，供电、供热、供水、排水、燃气、通信等城市生命线系统应对极端天气气候事件的保障能力不足。农业、林业基础设施建设滞后，部分农田水利基础设施老化失修，水利设施的建设和运行管理对气候变化的因素考虑不足，渔港建设明显滞后，难以满足渔港避风需要。

敏感脆弱领域的适应能力有待提升。农业产业化、规模化和现代化程度不够，种植制度和品种布局不尽合理，农情监测诊断能力不足，现有技术和装备防控能力不足以应对农业灾害复杂化和扩大化趋势。一些区域水资源战略配置格局尚未形成，城乡供水保障能力不高，大江大河综合防洪减灾体系尚不完善，主要易涝区排涝能力不足。森林火灾与林业有害生物监测预警系统、林火阻隔系统以及应急处置系统建设有待提升，湿地、荒漠生态系统适应气候变化能力和抗御灾害能力有待加强。采矿、建筑、交通、旅游等行业部门防范极端天气气候事件能力不足。人体健康受气候变化影响的监测、评估和预警系统尚未建立，现有传染病防控体系不能满足进一步遏制媒介传播疾病的需求。

生态系统保护措施亟待加强。土地沙化、水土流失、生物多样性减少、草原退化、湿地萎缩等趋势尚未得到根本性扭转，区域生态安全风险加大。对沿海低洼地区和海岛海礁淹没及海岸带侵蚀风险缺乏有效应对措施，滨海湿地面积减少、红树林浸淹死亡、珊瑚礁白化等生态问题未能得到有效遏制。

二、总体要求

(一)指导思想和原则

以邓小平理论、"三个代表"重要思想、科学发展观为指导，贯彻落实党的十八大精神，大力推动生态文明建设，坚持以人为本，加强科技支撑，将适应气候变化的要求纳入我国经济社会发展的全过程，统筹并强化气候敏感脆弱领域、区域和人群的适应行动，全面提高全社会适应意识，提升适应能力，有效维护公共安全、产业安全、生态安全和人民生产生活安全。

我国适应气候变化工作应坚持以下原则：

突出重点。在全面评估气候变化影响和损害的基础上，在战略规划制定和政策执行中充分考虑气候变化因素，重点针对脆弱领域、脆弱区域和脆弱人群开展适应行动。

主动适应。坚持预防为主，加强监测预警，努力减少气候变化引起的各类损失，并充分利用有利因素，科学合理地开发利用气候资源，最大限度地趋利避害。

合理适应。基于不同区域的经济社会发展状况、技术条件以及环境容量，充分考虑适应成本，采取合理的适应措施，坚持提高适应能力与经济社会发展同步，增强适应措施的针对性。

协同配合。全面统筹全局和局部、区域和局地以及远期和近期的适应工作，加强分类指导，加强部门之间、中央和地方之间的协调联动，优先采取具有减缓和适应协同效益的措施。

广泛参与。提高全民适应气候变化的意识，完善适应行动的社会参与机制。积极开展多渠道、多层次的国际合作，加强南南合作。

（二）主要目标

适应能力显著增强。主要气候敏感脆弱领域、区域和人群的脆弱性明显降低；社会公众适应气候变化的意识明显提高，适应气候变化科学知识广泛普及，适应气候变化的培训和能力建设有效开展；气候变化基础研究、观测预测和影响评估水平明显提升，极端天气气候事件的监测预警能力和防灾减灾能力得到加强。适应行动的资金得到有效保障，适应技术体系和技术标准初步建立并得到示范和推广。

重点任务全面落实。基础设施相关标准初步修订完成，应对极端天气气候事件能力显著增强。农业、林业适应气候变化相关的指标任务得到实现，产业适应气候变化能力显著提高。森林、草原、湿地等生态系统得到有效保护，荒漠化和沙化土地得到有效治理。水资源合理配置与高效利用体系基本建成，城乡居民饮水安全得到全面保障。海岸带和相关海域的生态得到治理和修复。适应气候变化的健康保护知识和技能基本普及。

适应区域格局基本形成。根据适应气候变化的要求，结合全国主体功能区规划，在不同地区构建科学合理的城市化格局、农业发展格局和生态安全格局，使人民生产生活安全、农产品供给安全和生态安全得到切实保障。

三、重点任务

针对各领域气候变化的影响和适应工作基础，制定实施重点适应任务，选择有条件的地区开展试点示范，探索和推广有效的经验做法，逐步引导和推动各项适应工作。

（一）基础设施

加强风险管理。建立气候变化风险评估与信息共享机制，制定灾害风险管理措施和应对方案，开展应对方案的可行性论证，提高气候变化风险管理水平。在项目申请报告或规划内的"环境和生态影响分析"等篇章中，考虑将气候变化影响和风险作为单独内容进行分析。

修订相关标准。根据气候条件的变化修订基础设施设计建设、运行调度和养护维修的技术标准。对有关重大水利工程进行必要的安全复核，考虑地温、水分和冻土变化完善铁路路基等建设标准，根据气温、风力与冰雪灾害的变化调整输电线路、设施建造标准与电杆间距，根据海平面变化情况调整相关防护设施的设计标准。

专栏 1　上海城市基础设施极端天气气候事件防御适应试点示范工程

针对上海极端天气气候事件损失加大、海平面上升等问题开展试点示范工程，以气象、海洋灾害防护标准修订及配套设施建设为重点，推广大城市加强基础设施防御极端天气气候事件能力的经验。

在城市规划建设中充分考虑气候变化因素，开展城市防护标准修订，重点修订上海的城市防洪、排水、供电、供水、供气和通信等基础设施的气象灾害防护标准，对已有和在建基础设施按照新标准进行改造。

完善灾害应急系统。建立和完善保障重大基础设施正常运行的灾害监测预警和应急系统。向大中型水利工程提供暴雨、旱涝、风暴潮和海浪等预警，向通信及输电系统提供高温、冰雪、山洪、滑坡、泥石流等灾害的预警，向城市生命线系统提供内涝、高温、冰冻的动态信息和温度剧变的预警，向交通运输等部门提供大风、雷电、浓雾、暴雨、洪水、冰雪、风暴潮、海浪、海冰等灾害的预警等。完善相应的灾害应急响应体系。

专栏 2　广东城市灾害应急系统建设适应试点示范工程

针对广东台风、风暴潮等灾害影响更为复杂、损害更为严重等问题开展试点示范工程，以加强城市灾害的监测预警和风险管理、减轻灾害影响为重点，推广城市防御极端天气气候事件应急系统建设的经验。

开展台风监测预警，完善卫星、雷达、海上浮标、沿岸海洋站、地面气象站、应急机动观测设施等组成的台风监测系统，研发台风数值预报和综合预报技术系统，增强台风预警预报能力，加强台风信息的及时发布。健全应急指挥和社会联动的台风响应机制，建立多部门协作应急防御体系，编制城市防御台风预案，落实到学校、街道、社区等，向市民普及防御台风知识。

专栏 3　云南农村灾害应急系统建设适应试点示范工程

针对云南山洪、滑坡、泥石流等灾害发生风险增大、灾害损失增加等问题开展试点示范工程，以农村监测预警体系、灾害应急响应系统、防治灾害信息化等系统建设为重点，推广农村防御极端天气气候事件应急系统建设的经验。

完善灾害监测、预报与预警体系，建设灾害应急响应信息服务平台，编制和修订乡镇级、村级灾害应急预案并组织演练。加强灾害应急救援和抢险队伍建设，建立应急设备与物资贮备制度，建设布局合理的灾害应急避难场所。建立灾害风险评估体系，加强灾害发生信息、动态管理数据库、灾害防治技术库和专家库等的建设。

科学规划城市生命线系统。科学规划建设城市生命线系统和运行方式，根据适应需要提高建设标准。按照城市内涝及热岛效应状况，调整完善地下管线布局、走向以及埋藏深

度。根据气温变化调整城市分区供暖、供水调度方案，提高地下管线的隔热防潮标准等。

专栏 4　河北城市水系统建设适应试点示范工程

针对河北城市供水系统能力薄弱、地下水严重超采、地面沉降、海水入侵等问题开展试点示范工程，以开展河湖水系连通和水源优化配置、引黄补淀、地下水回灌等工程措施为重点，推广气候变化条件下城市综合配置水资源的经验。

开展环城水系综合配置工程，调整改造城市水系，在城市周边合理兴建必要的蓄水河道、人工湿地、防洪生态工程及防风防沙绿色屏障等，优化调整人工河湖规模；开展城市集雨工程建设。开展地下水回灌工程，利用雨洪泄水等回灌补充地下水，利用现有石津渠和沙河灌区等灌溉渠道补充城市和生态环境用水，在总干渠七里河、白马河、滹沱河、沙河和濮阳河利用退水闸补充地下水。

（二）农业

加强监测预警和防灾减灾措施。 运用现代信息技术改进农情监测网络，建立健全农业灾害预警与防治体系。构建农业防灾减灾技术体系，编制专项预案。加强气候变化诱发的动物疫病的监测、预警和防控，大力提升农作物病虫害监测预警与防控能力，加强病虫害统防统治，推广普及绿色防控与灾后补救技术，增加农业备灾物资储备。

提高种植业适应能力。 继续开展农田基本建设、土壤培肥改良、病虫害防治等工作，大力推广节水灌溉、旱作农业、抗旱保墒与保护性耕作等适应技术。到 2020 年，农作物重大病虫害统防统治率达到 50% 以上，农田灌溉用水有效利用系数提高到 0.55 以上，作物水分利用效率提高到 1.1 千克/立方米以上。

专栏 5　吉林粮食主产区黑土地保护治理适应试点示范工程

针对吉林中西部黑土地水土流失、肥力下降等威胁粮食生产的问题开展试点示范，以治理水土流失、恢复土壤肥力等综合性措施为重点，推广黑土地适应气候变化的经验。

开展农田保育建设，增施有机肥、培肥土壤和恢复地力，建设高标准基本农田和有机肥加工厂，全面提升黑土地耕地质量。开展生态修复建设，加强坡耕地治理和生态防护林建设，科学配置工程、技术、生物措施，控制水土流失，恢复和重建植被，维护黑土地可持续耕种。开展农田水利建设，加快灌区续建配套与节水改造，全面推进节水型农业建设，提高黑土地耕种水平。

利用气候变暖增加的热量资源，细化农业气候区划，适度调整种植北界、作物品种布局和种植制度。在熟制过渡地区适度提高复种指数，使用生育期更长的品种。加强农作物育种能力建设，培育高光效、耐高温和抗寒抗旱作物品种，建立抗逆品种基因库与救灾种子库。

> **专栏6　黑龙江农业利用气候变化有利因素适应试点示范工程**
>
> 　　针对黑龙江积温增加、作物生长期延长等气候变化有利影响开展试点示范，以调整种植结构和选育作物品种、推广应用抗旱保墒技术等农业适应技术为重点，推广农业生产利用气候变化有利因素的经验。
>
> 　　开展种植结构调整与新品种选育，重新进行积温带划分，调整农作物种植结构与品种布局；选育耐干旱、耐高温的适应性作物新品种，拓宽品种资源；建立并完善新品种选育、引进、繁殖、推广紧密衔接的现代种子产业体系。开展农业适应技术研发推广，采取适应气候变化的作物栽培集成技术，调整以适应抽穗期变动为核心的"生产技术规程"，开发综合配套生产技术。积极推行农田抗旱保墒措施和具有保水、保土、培肥、增产综合作用的保护性耕作技术，加大生物有机肥料投入。

　　引导畜禽和水产养殖业合理发展。按照草畜平衡的原则，实行划区轮牧、季节性放牧与冬春舍饲。加大草场改良、饲草基地以及草地畜牧业等基础设施建设，鼓励农牧区合作，推行易地育肥模式。修订畜舍与鱼池建造标准，构建主要农区畜牧养殖适应技术体系。合理调整水产养殖品种、密度、饲养周期，合理布局海洋捕捞业，加强水环境保护、鱼病防控和泛塘预警。加强渔业基础设施和装备建设。

> **专栏7　内蒙古典型草原畜牧业发展适应试点示范工程**
>
> 　　针对内蒙古典型草原受气候暖干化影响产生的退化和沙化等问题开展试点示范工程，以退化草原的修复与保护为重点，采取政策、经济、工程等措施，综合治理退化草原，推广气候变化条件下基于草畜平衡的草原畜牧业发展经验。
>
> 　　结合实施退牧还草工程和草原生态保护补助奖励机制，开展退化草地生态恢复建设，加强草地资源与环境监测、水资源利用与管理，采取耐旱牧草与适应性牲畜品种推广等措施，推进草地畜牧业适度规模经营与合作牧场制度建设。开展牧区基础设施与民生建设，加强牧场饮水点、饲草料库、高效节水灌溉饲草料基地、牧户太阳能、风能利用等基础设施建设，完善极端天气气候事件监测预警信息服务等系统建设。

　　加强农业发展保障力度。促进农业适度规模经营，提高农业集约化经营水平。扩大农业灾害保险试点与险种范围，探索适合国情的农业灾害保险制度。加强农民适应技术培训，到2020年农村劳动力实用适应技术培训普及率达到70%。

（三）水资源

　　加强水资源保护与水土流失治理。加强水功能区管理和水源地保护，合理确定主要江河、湖泊生态用水标准，保证合理的生态流量和水位。加强水环境监测与水生态保护。在全面规划的基础上，将预防、保护、监督、治理和修复相结合，因地制宜、因害设防，优化配置工程、生物和农业等措施，构建科学完善的水土流失综合防治体系。"十二五"期间，新增水土流失治理面积2500万公顷。

专栏8　江西鄱阳湖水资源保护适应试点示范工程

针对江西鄱阳湖流域旱涝灾害频发、生态功能退化等问题开展试点示范工程，以合理规划、配置和保护水资源为重点，改善鄱阳湖的生态环境，推广提高流域适应气候变化综合能力的经验。

开展水利建设，加快推进峡江、浯溪口水利枢纽工程建设，实施"五河"重点河段治理工程，新建白梅、四方井、井山等水库，加快推进鄱阳湖区蓄滞洪区建设。开展流域综合生态保护与恢复，综合整治城市沿河环境与湖泊生态环境，巩固退田还湖、还泽、还滩成果，完善引水设施体系，实施水位和水文周期调节，恢复流域植被；建立自然湿地恢复区，加强库区、小型湖泊、山塘、港汊、农田、溪流的自然生态保护。在滨湖控制开发带建设防护林，在"五河"沿岸建设绿化带，推进农田林网工程，重点加强"五河"及一、二级支流源头保护区的水源涵养林、水土保持林以及森林公园建设。

构建水资源配置格局。加大节水型社会建设力度，因地制宜修建各种蓄水、引水和提水工程，完善骨干水源工程和灌溉工程，加快南水北调东线、中线一期工程建设和西线工程前期论证。实行最严格的水资源管理制度，严格规划管理、水资源论证和取水许可制度，强化用水总量控制和定额管理。限制缺水地区城市无序扩展和高耗水产业发展。合理开发利用雨洪、海水、苦咸水、再生水和矿井水等非常规水资源。

健全防汛抗旱体系。加快江河干支流控制性枢纽建设，加强重要江河堤防建设和河道整治。调整城镇发展和产业布局，科学设置并合理运用蓄滞洪区，严禁盲目围垦、设障侵占河滩及行洪通道，加强洪水风险管理。健全各级防汛抗旱指挥系统，完善应急机制，加强灾害监测、预测、预报和预警。

专栏9　新疆融雪型洪水灾害综合防治适应试点示范工程

针对新疆融雪型洪水发生频次增多、洪峰流量增大等问题开展试点示范，以融雪型洪水防治体系建设、监测预警和工程性防治措施为重点，在气候条件相似地区推广新疆增强防汛能力的经验。

开展监测预警体系建设，加强融雪型洪水监测网络建设，开展气象水文监测填空加密工程与洪水灾害临近预报系统工程的建设，加强重点区域中小尺度精细化气象水文协同预报能力建设。开展针对性水利工程建设，因地制宜建设大中型水库，在重要河流上建设山区控制性水利工程；加强病险水库除险加固工程、河道护岸及堤防工程、排洪渠工程和沟道疏浚工程等的建设。开展综合防御体系建设，在融雪型洪水灾害的监测预防、预报预警、灾后应急等方面制定相应的政策法规；编制灾害风险区划图，制定综合防治规划；对处于灾害危险区、生存条件恶劣、地势低洼与治理困难地方的居民实施永久搬迁。

（四）海岸带和相关海域

合理规划涉海开发活动。建设覆盖海岸带地区及海岛的气候变化影响评估系统，开展海洋灾害风险评估与区划工作。新编或修编各类涉海规划时，充分考虑气候变化因素，引导各类沿海开发活动有序开展。

加强沿海生态修复和植被保护。选划建设海洋保护区，实施典型海岛、海岸带及近海生态系统修复工程。保护现有海岸森林，加强海岸绿化和海岛植被修复，加大沿海防护林营造力度。

加强海洋灾害监测预警。依托现有海洋环境保障项目，完善覆盖全国海岸带和相关海域的海平面变化和海洋灾害监测系统，重点加强风暴潮、海浪、海冰、赤潮、咸潮、海岸带侵蚀等海洋灾害的立体化监测和预报预警能力，强化应急响应服务能力。

专栏 10　　海南生态修复与海洋灾害应急适应试点示范工程

针对海南海岸带侵蚀、海洋灾害频发、海岸生态系统脆弱等问题开展试点示范工程，以海洋生态修复、灾害防御工程建设和沿岸土地治理为重点，推广海岸带和岛屿适应气候变化的经验。

组织海岸带脆弱性评估，开展海岛生态修复，保护和修复海口东寨港等红树林、三亚蜈支洲等珊瑚礁、陵水黎安港等海草床生态系统。开展防御风暴潮设施系统建设，完善海洋灾害观测系统；健全海岛防风、防浪、防潮工程，加强避风港、渔港、锚地、防波堤、海堤、护岸等设施建设；开展城区防潮防洪排涝，建设一批对海岛地区发展具有全局性、基础性、关键性的防灾减灾工程。加强沿岸土地治理和海岸带土地侵蚀与盐渍化整治，阻挡海水入侵，防治海岸带土壤质量下降。

（五）森林和其他生态系统

完善林业发展规划。完善覆盖全国主要生态区的林业观测站网，加强气候变化对林业影响的监测评估。完善林业建设工程规划，加强天然林保护、退耕还林以及"三北"、长江、沿海等防护林体系、京津风沙源治理等林业重点工程建设。

加强森林经营管理。根据气温、降水变化合理调整与配置造林树种和林种，优化林分结构，选择优良乡土树种，构建适应性强的人工林系统。全面开展森林抚育经营，提升森林整体质量，构建健康稳定、抗逆性强的森林生态系统。到 2020 年，森林覆盖率达到23%，森林蓄积量达到 150 亿立方米以上。

有效控制森林灾害。提高森林火灾防控能力，减少火灾发生次数，控制火灾影响范围，降低火灾造成的损失。加强林业有害生物监测预警工作和测报点建设，提高森林有害生物监测防控力度，防控外来有害生物入侵。到 2020 年，森林火灾受害率控制在 1‰以下，林业有害生物成灾率控制在 4‰以下。

专栏 11　　四川森林保护和经营适应试点示范工程

针对四川造林难度加大、森林质量不高、林业生物灾害和森林火灾损失加剧等问题开展试点示范，以森林抚育经营、森林灾害监测预警和应急防控体系建设为重点，推广气候变化条件下森林经营和控制森林灾害的经验。

开展造林和森林抚育经营，选择乡土树种，营造混交林；加强森林抚育和低效林改造，调整林分结构，促进形成异龄、复层、混交林分，提高森林生态系统适应气候变化和抵抗灾害的能力。开展监测预警体系建设，建设林业有害生物和森林火灾遥感监测、数据采集与传输、预警信息处理与发布等基础信息平台；建立森林火险预警系统，改进林火监测系统，加强林业有害生物和森林火险等级的实时监测、预报、预警等应急信息管理。开展应急防控体系建设，加强林业有害生物和森林防火综合防控设施等建设；强化省、市、县三级森林灾害应急指挥系统建设。

促进草原生态良性循环。 恢复和提高草原涵养水源、保持水土和防风固沙能力，提高草原火灾防控能力，加大草原虫鼠害监控和防治力度，控制天然草原的毒害草危害，有效保护草地资源。继续推进草原保护建设工程，提高草原综合植被盖度，到2020年，"三化"草原治理率达到55.6%。

加强生态保护和治理。 完善自然保护区网络、基础设施和管理机构，加强野生动植物栖息地环境和生物多样性保护。大力推进生态清洁小流域建设，加强对重点生态功能区湿地、荒漠等生态系统的保护，人工促进退化生态系统的功能恢复。适时开展生态移民，减轻脆弱地区环境压力。到2020年，自然湿地有效保护率达到60%以上，沙化土地治理面积达到可治理面积的50%以上，95%以上的国家重点保护野生动物和90%以上极小野生植物种类得到有效保护，荒漠化、石漠化治理取得较大成效。

专栏12　宁夏生态移民适应试点示范工程

针对宁夏生态环境脆弱、干旱面积大、水土流失严重、土地人口承载力低、贫困人口生计困难等问题开展试点示范工程，以开展生态移民、减轻人口压力为重点，推广生态脆弱地区适应气候变化和保护生态系统的经验。

开展迁入区绿色家园建设，鼓励并支持移民发展设施农业、节水种植、高效养殖和特色产业；组织安排劳务输出技能和种植养殖技能培训，使特色农牧业收入和劳务收入成为移民的主体收入；因地制宜发展经济林、庭院经济、生态循环农业等，打造特色生态安置区。开展迁出区生态建设，在六盘山地区营造水源涵养林，实行乔灌草植被合理配置，综合运用工程、生物和耕作措施整治坡耕地水土流失；优化种植结构，推广保护性耕作；针对不同沙漠化土地类型，坚持工程措施与生物措施相结合、人工治理与自然修复相结合以防治土地沙化。落实草原生态保护补助奖励机制；加大退化草场补播改良力度。

专栏13　广西石漠化防治适应试点示范工程

针对广西岩溶地貌分布广泛、石漠化严重、土地承载力低、生态环境脆弱等特点开展试点示范工程，以石漠化生态治理和生产生活改善为重点，总结推广石漠化地区适应气候变化的经验。

开展生态环境治理建设，积极采取生物、工程等措施控制水土流失；实施退耕还林、封山育林以及森林生态效益补偿等治理工程，降低石漠化地区开发强度；在典型石漠化地区构建基于天—地—空的生态环境立体监测体系，开展气候变化对石漠化地区的影响评估，遏制石漠化扩展趋势，恢复岩溶地区生态环境。开展生产生活改善工程，因地制宜发展以沼气为纽带的生态农业和复合农林牧立体农业；坚持小流域综合治理，改善蓄水池、排灌沟渠等农田基础设施，提高农业综合生产能力；实施坡改梯、培肥沃土等工程，提高耕地质量；在综合条件特别恶劣的地区实行易地搬迁，与城镇化、工业化建设相结合拓宽石漠化地区适应气候变化的途径。

（六）人体健康

完善卫生防疫体系建设。加强疾病防控体系、健康教育体系和卫生监督执法体系建设，提高公共卫生服务能力。修订居室环境调控标准和工作环境保护标准，普及公众适应气候变化健康保护知识和极端事件应急防护技能。加强饮用水卫生监测和安全保障服务。

专栏 14　重庆人体健康防控体系建设适应试点示范工程

针对重庆热浪频发和媒介传播疾病上升等问题开展试点示范工程，以媒介传播疾病防控、高温热浪预防应急响应和人体健康监测预警为重点，推广气候变化条件下保护人体健康的经验。

开展三峡库区媒介传播疾病防控体系建设，完善三峡库区卫生设施配置，特别是在病原微生物、理化、消杀、毒理实验室和现场检测仪器设备配置方面；加强媒介传播疾病的监测、预警和防控。开展高温热浪预防和应急响应系统建设，针对夏季高温热浪频发，修订职业劳动防护标准；完善相关疾病的救治设施，重点加强化工、冶金、建筑等气候敏感产业的医疗救治能力建设；加强热浪和极端气候条件下健康教育和风险沟通体系建设，建立健康保护知识和技能健康教育资源库。开展人体健康监测预警，建立极端天气气候事件与人体健康监测预警网络，实时进行监测评估；编制和修订应对极端天气气候事件的卫生应急预案，建立应急物资储备库。

开展监测评估和公共信息服务。开展气候变化对敏感脆弱人群健康的影响评估，建立和完善人体健康相关的天气监测预警网络和公共信息服务系统，重点加强对极端天气敏感脆弱人群的专项信息服务。

加强应急系统建设。加强卫生应急准备，制定和完善应对高温中暑、低温雨雪冰冻、雾霾等极端天气气候事件的卫生应急预案，完善相关工作机制。

（七）旅游业和其他产业

维护产业安全。加强极端天气气候事件增多条件下的劳动保护，及时发布气象预警信息，强化旅游、采矿、建筑、交通等产业的安全事故防控，制定应急预案，建立应急救援机制，提升服务设施的抗风险能力。

合理开发和保护旅游资源。综合评估气候、水文、土地、生物等自然禀赋状况开发旅游资源，调整旅游设施建设与项目设计，利用和整合伴随气候变化而新出现的气象景观、植物景观、地貌景观等开发新的旅游资源。采取必要的保护性措施，防止水、热、雨、雪等气候条件变化造成旅游资源进一步恶化，加强对受气候变化威胁的风景名胜资源以及濒危文化和自然遗产的保护。

利用有利条件推动旅游产业发展。把握气候变化条件下新的旅游市场需求特征，加快推动特色民俗、文化表演、时尚休闲、展览展会、美食购物等受气候条件影响较小业态的创新性发展，增强冰雪旅游、滨海旅游等自然依托型业态的应对能力。利用气候变暖延长适游时间的机遇，充实旅游产品和项目，丰富旅游内容。

四、区域格局

按照全国主体功能区规划有关国土空间开发的内容，统筹考虑不同区域人民生产生活受到气候变化的不同影响，具体提出各有侧重的适应任务，将全国重点区域格局划分为城市化、农业发展和生态安全三类适应区。

（一）城市化地区

城市化地区是指人口密度较高，已形成一定规模城市群的主要人口集聚区。按照不同气候和区位条件划分为东部城市化地区、中部城市化地区和西部城市化地区。重点任务是在推进城镇化进程的同时提升城市基础设施适应能力，改善人居环境，保障人民生产生活安全。

1. 东部城市化地区

合理规划和完善城市河网水系，改善城市建筑布局，缓解城市热岛效应；改造原有排水系统，增强城市排涝能力，构建和完善城市排水防涝和集群区域防洪减灾工程布局；减少不透水地面面积，逐步扩大城市绿地和水体面积，结合城市湿地公园，充分截蓄雨洪，明确排水出路，减轻城市内涝。

加强沿海城市化地区应对海平面上升的措施，提高城市基础设施的防护标准，加高加固海堤工程；采取河流水库调节下泄水量、以淡压咸和生态保护建设等措施应对河口海水倒灌和咸潮上溯；完善海港、渔港规划布局，加强防灾型海港和渔港建设。

加强对台风、风暴潮、局地强对流等灾害性、转折性重大天气气候事件的监测预警能力，做到实时监测、准确预报、及时预警、广泛发布；重点加强对城市生命线系统、交通运输及海岸带重要设施的安全保障。

根据资源承载力和环境容量，充分考虑气候变化的影响，科学编制城市规划，疏解中心城市人口压力，使城市群与周围腹地的资源环境实现优化配置；逐步调整产业结构，发展节水型经济，建设节水型城市。

2. 中部城市化地区

要求工业生产和城市建设量水而行，建设一批防洪抗旱骨干调蓄工程，加强原有排水系统改造及排水防涝设施建设，增强城市排水防涝能力。加强应对气象灾害能力建设。

建立并完善城市健康保障体系，加强对血吸虫等媒介传播疾病的防控；加强对南水北调中线工程的水质监控；合理规划城市群建设，预留适当比例的城市绿地及水体，保护并恢复城市周边湿地；完善城市基础设施和公共服务，提高城市的人口承载能力。

3. 西部城市化地区

限制缺水城市的无序扩张和高耗水产业发展，保护并合理开发利用水资源，采用透水铺装，建设下沉式集雨绿地，补充地下水，促进节水型城市建设；合理考虑城市建设和人口布局，宜建则建、宜迁则迁；加强西北地区城市周边防风固沙生态屏障建设。建立健全西南地区城市气象、地质灾害的应急防范机制；构建综合监测网，实现部门间信息共享，建立及时高效的城市地质、气象灾害预警系统。

(二)农业发展地区

农业发展地区指人口密度相对较小、尚未形成大规模的城市群，同时具备较好农业生产条件的主要农产品主产区。按不同气候和区位条件划分为东北平原区、黄淮海平原区、长江流域区、汾渭平原区、河套地区、甘肃新疆区和华南区。重点任务是保障农产品安全供给和人民安居乐业。

1. 东北平原区

充分利用热量资源增加的有利条件，在统筹协调农业生产与湿地保护的基础上适度发展水稻种植；建设优质玉米、大豆种植带，着力提高单产；适度提早播种和改用生育期更长的品种，调整种植结构和品种布局；大力推广农田节水技术；加强林业生态建设，减少水土流失；保护土壤肥力，促进黑土地的可持续利用。

加强流域水资源管理，在有条件的地区修建必要的水资源配置工程；控制在城市和水稻产区的地下水超采，推广普及节水灌溉栽培技术；加强农作物病虫草害统防统治。加大农村土地整治力度，综合考虑田、水、路、林、村优化布局；加强湿地保护，完成三江平原、东部地区土地整理等重大工程，促进农村环境改善。

2. 黄淮海平原区

加快灌区节水改造，完善田间灌排体系，因地制宜推广管灌、喷灌、滴灌等节水灌溉技术，充分利用雨洪、中水、微咸水等非传统水资源；提高农村居民生活节水意识，加大农村饮用水工程建设力度；控制地下水资源的过度开采；利用雨季回补地下水。

调整种植结构，扩大耐旱节水作物品种，北部适当扩大小麦、玉米两茬复种；针对小麦冬旱和春季霜冻加剧，加强保墒防冻管理；充分利用冬春变暖，扩大节水型保护地生产。大力推进重大病虫草鼠害的统防统治；优化农区土地利用，分区整治盐渍化土地；统筹提高农地利用效率，改善农民居住条件。

3. 长江流域区

加强长江中上游水土保持与中游退田还湖力度，推进干支流骨干水库与堤防工程建设，加强蓄滞洪区的建设管理，减轻洪涝灾害损失。加强农田水利建设，因地制宜调整种植制度，提高抗御季节性干旱与冬春湿害的能力。修订养殖设施建设标准，加强防暑降温设施改造，推广健康养殖模式，强化动物疫病防控，加强水产养殖业的水环境保护。加快推进农村房屋改造和洪水灾害高风险区移民工作；加强血吸虫等疫病的防控工作。

4. 汾渭平原区

加强灌区节水设施配套建设，维修完善水利工程；统筹工业、农业和生活用水管理，推广农田节水灌溉和栽培技术，积极推进农村饮水安全项目建设。

适度扩大小麦、玉米两茬平作，提高复种指数；加强病虫害综合防治；缺水地区减少小麦面积，扩大耐旱作物种植；提高农村防灾减灾能力。

5. 河套地区

完善灌区水利工程和灌溉调度；调整种植结构，压缩水稻和小麦等耗水作物，扩大耐旱节水作物种植；推广节水灌溉技术，充分利用秋季其他农区需水不多的时机，及时引水灌溉增加底墒。

加强冬末气温预报，适度提早小麦播种期以避开潮塌，适当提早玉米、向日葵播种期和改用生育期更长的品种；充分利用冬季变暖的光热条件适度扩大冬春保护地生产；加强早春凌汛预警，及时破冰泄洪。

6. 甘肃新疆区

充分利用有利的光热条件，在稳定粮食生产基础上发展棉花、瓜果等特色农业；加强流域水资源综合管理，统筹协调上、中、下游用水矛盾，控制上、中游的过度垦荒规模，超采地区适度关井压田，退耕还林还草；大力推广膜下滴灌、地膜覆盖、垄膜沟灌等农田节水技术；修建拦蓄工程，减轻融雪性洪水灾害，增加可利用水资源。

甘肃东部推广集雨补灌与农田节水技术，扩大种植杂交谷子、马铃薯等耐旱高产作物以及特色林果。加强农林有害生物防控；保护与恢复森林植被；采取综合措施防沙治沙，加强边境地区野生动物疫源疫病联防联控；加快"安民富民兴牧工程"建设力度，改善贫困人口生活状况。

7. 华南区

充分利用华南气候优势，在稳定粮食生产的基础上扩大热带、亚热带经济作物、果树和冬季蔬菜生产；根据冬季变暖和气候波动状况，合理确定热带、亚热带作物种植北界；加强华南中北部的作物寒害防御；开展迁飞性、流行性病虫害的监控。

鼓励山区发展立体农业，农、林、牧、渔业合理梯度布局；加强沿海台风与山区暴雨山洪灾害的预警和防范。宣传普及登革热等媒介传播疾病防控知识，提高农村基层医疗机构防治能力。

（三）生态安全地区

生态安全地区是指人类活动较少，开发相对有限，但对国家或区域生态安全具有重大意义的典型生态区域。按不同气候和区位条件划分为东北森林带、北方防沙带、黄土高原—川滇生态屏障区、南方丘陵山区、青藏高原生态屏障区。重点任务是保障国家生态安全和促进人与自然和谐相处。

1. 东北森林带

加强高温、干旱、大风、雷电等林火致灾因素和寒潮低温天气的监测预警，充分利用航空航天遥感、雷电监测等高科技手段，及时提供监测预警信息，排除火灾、冻害隐患。

增强森林火灾、冻害防控力度；选用耐火树种营造防火隔离带，提高森林防火道路网密度，完善森林防火设施设备。选用耐旱树种，培育人工混交林，节约生态用水量，提高造林成活率。

加强森林抚育经营，调整森林结构，提高森林质量，增强森林生态系统稳定性、适应性和抗逆性。建立森林和湿地退化评估机制，严格控制商业采伐和湿地开垦。

2. 北方防沙带

控制生态脆弱地区的人口规模，制止滥开垦、滥放牧、滥樵采，对暂不具备治理条件的连片沙化土地逐步实行封禁保护；统筹流域水资源配置，保障下游生态用水。保护沙区现有植被，加快沙化土地和退耕地植被恢复，营造防沙林，综合治理退化草原，综合运用生物和工程措施治理沙化土地。

3. 黄土高原—川滇生态屏障区

加强对水土流失、植被状况、湿地面积变化、森林火灾、山地灾害的监测。加强黄土高原丘陵地区和秦巴山区水土流失治理，重点实施 25°以上陡坡退耕还林（草）和林分改造。

加强黄土高原区和秦巴山区小流域综合治理，加大坡改梯和淤地坝工程建设力度，推广集雨补灌、保墒耕作等土壤增湿措施。川滇高原山地实行草原封育禁牧；若尔盖草原湿地和甘南黄河水源补给区采取严格的湿地面积管控措施，适度发展生态旅游。

4. 南方丘陵山区

加强封山育林和抚育经营。强化山区地质灾害监测预警，综合开展防治工程，加快山区避险设施建设。结合生态扶贫工程，加大崩岗、岩溶区水土流失和石漠化综合治理力度，继续实施退耕还林，对生态破坏严重、不宜居住的地区实行生态移民。

加强西南地区干旱监测预警，适时采取人工增雨等手段降低森林火险，减少火灾发生隐患。利用有利地形兴建拦蓄工程，减轻汛期洪水与季节性干旱的威胁。

5. 青藏高原生态屏障区

加强高原区草原载畜能力评估，严格控制畜牧业范围和规模；阿尔金草原实施封禁管护；藏西北羌塘地区以修复草原草甸为重点，以草定畜，促进草原植被恢复。强化冰川监测，建立冰川—湿地—荒漠综合管理系统。加大高原植被、湿地和特有物种保护力度；加强天然林保护，开展退耕还林和沙化土地综合治理。充分利用气候变暖有利条件，发展高原河谷农业。

五、保障措施

本战略为适应气候变化领域各项政策及其制度安排提供指导。各有关地方和部门要根据本战略调整完善现行政策和制度安排，建立健全保障适应行动的体制机制、资金政策、技术支撑和国际合作体系。

（一）完善体制机制

1. 健全适应气候变化的法律体系，加快建立相配套的法规和政策体系。研究制定适应能力评价综合指标体系，健全必要的管理体系和监督考核机制。

2. 把适应气候变化的各项任务纳入国民经济与社会发展规划，作为各级政府制定中长期发展战略和规划的重要内容，并制定各级适应气候变化方案。

3. 建立健全适应工作组织协调机制，统筹气候变化适应工作，鼓励相邻区域、同一流域或气候条件相近的区域建立交流协调机制，在防汛抗旱、防灾减灾、扶贫开发、科技教育、医疗卫生、森林防火、病虫害防治、重大工程建设等议事协调机构中增加适应气候变化工作内容，成立多学科、多领域的适应气候变化专家委员会。

（二）加强能力建设

1. 开展重点领域气候变化风险分析，建设多灾种综合监测、预报、预警工程，健全气候观测系统和预警系统；建立极端天气气候事件预警指数与等级标准，实现各类预警信息的共享，为风险决策提供依据；重点做好大中城市、重要江河流域、重大基础设施、地质灾害易发区、海洋灾害高风险区的监测预警工作。

2. 加强灾害应急处置能力建设，建立气象灾害及其次生、衍生灾害应急处置机制，加强灾害防御协作联动；制定气候敏感脆弱领域和区域适应气候变化应急方案；加强人工影响天气作业能力建设，提高对干旱、冰雹等灾害的作业水平；加强专业救援队伍和专家队伍建设，发展壮大志愿者队伍；提高全社会预防与规避极端天气气候事件及其次生衍生灾害的能力。

3. 建立健全管理信息系统建设，提高适应气候变化的信息化水平，深入推广信息技术在适应重点领域中的应用，推进跨部门适应信息共享和业务协同，提升政府适应气候变化的公共服务能力和管理水平。

4. 加大科普教育和公众宣传，在基础教育、高等教育和成人教育中纳入适应气候变化的内容，提升公众适应意识和能力；广泛开展适应知识的宣传普及，举办针对各级政府、行业企业、咨询机构、科研院所等的气候变化培训班和研修班，提高对适应重要性和紧迫性的认识，营造全民参与的良好环境。

（三）加大财税和金融政策支持力度

1. 发挥公共财政资金的引导作用，保证国家适应行动有可靠的资金来源；加大财政在适应能力建设、重大技术创新等方面的支持力度；增加财政投入，保障重点领域和区域适应任务的完成；划分适应气候变化的事权范围，确定中央与地方的财政支出责任；通过现有政策和资金渠道，适当减轻经济落后地区在适应行动上的财政支出负担；落实并完善相关税收优惠政策，鼓励各类市场主体参与适应行动。

2. 推动气候金融市场建设，鼓励开发气候相关服务产品。探索通过市场机构发行巨灾债券等创新性融资手段，完善财政金融体制改革，发挥金融市场在提供适应资金中的积极作用。建立健全风险分担机制，支持农业、林业等领域开发保险产品和开展相关保险业务，开展和促进"气象指数保险"产品的试点和推广工作。搭建国际适应资金承接平台，提高国际合作资金的使用与管理能力。

（四）强化技术支撑

1. 围绕国家重大战略需求，统筹现有资源和科技布局，加强适应气候变化领域相关研究机构建设，系统开展适应气候变化科学基础研究，加强气候变化监测、预测预估、影响与风险评估以及适应技术的开发。

2. 鼓励适应技术研发与推广，积极示范推广简单易行、可操作性强的高效适应技术，选择典型区域开展适应技术集成示范。

3. 加强行业与区域科研能力建设，建立基础数据库，构建跨学科、跨行业、跨区域的适应技术协作网络；编制国家、行业和区域适应技术清单并定期发布，逐步构建适应技术体系，发布适应行动指南和工具手册。

（五）开展国际合作

1. 加强适应气候变化国际合作，积极引导和参与全球性、区域性合作和国际规则设计，构建信息交流和国际合作平台，开展典型案例研究，与各方开展多渠道、多层次、多样化的合作。引导和支持国内外企业和民间机构间的适应合作，鼓励中方人员到国际适应气候变化相关机构中任职。

2. 继续要求发达国家切实履行《联合国气候变化框架公约》下的义务，向发展中国家提供开展适应行动所需的资金、技术和能力建设；积极参与公约内外资金机制及其他国际组织的项目合作，充分利用各种国际资金开展适应行动。

3. 通过国际技术开发和转让机制，推动关键适应技术的研发，在引进、消化、吸收基础上鼓励自主创新，促进我国适应技术的进步。

4. 综合运用能力建设、联合研发、扶贫开发等方式，与其他发展中国家深入开展适应技术和经验交流，在农业生产、荒漠化治理、水资源综合管理、气象与海洋灾害监测预警预报、有害生物监测与防治、生物多样性保护、海岸带保护和防灾减灾等领域广泛开展"南南合作"。

（六）做好组织实施

发展改革部门牵头负责本战略实施的组织协调，与国务院有关部门协调配合，依据本战略编制部门分工方案，明确各部门的职责。国务院有关部门要依据部门分工方案落实相关工作，编制本部门、本领域的适应气候变化方案，严格贯彻执行。

各省、自治区、直辖市及新疆生产建设兵团发展改革部门要根据本战略确定的原则和任务，编制省级适应气候变化方案并会同有关部门组织实施，监督检查方案的实施情况，保证方案的有效落实。

国家应对气候变化规划（2014—2020 年）

前　言

气候变化关系全人类的生存和发展。我国人口众多，人均资源禀赋较差，气候条件复杂，生态环境脆弱，是易受气候变化不利影响的国家。气候变化关系我国经济社会发展全局，对维护我国经济安全、能源安全、生态安全、粮食安全以及人民生命财产安全至关重要。积极应对气候变化，加快推进绿色低碳发展，是实现可持续发展、推进生态文明建设的内在要求，是加快转变经济发展方式、调整经济结构、推进新的产业革命的重大机遇，也是我国作为负责任大国的国际义务。

根据全面建成小康社会目标任务，国家发展和改革委员会会同有关部门，组织编制了《国家应对气候变化规划（2014—2020 年）》，提出了我国应对气候变化工作的指导思想、目标要求、政策导向、重点任务及保障措施，将减缓和适应气候变化要求融入经济社会发展各方面和全过程，加快构建中国特色的绿色低碳发展模式。

第一章　现状与展望

第一节　全球气候变化趋势及对我国影响

科学研究和观测数据表明，近百年来全球气候正在发生以变暖为主要特征的变化。工业革命以来，人类活动特别是发达国家工业化过程中大量排放温室气体，是当前全球气候变化的主要因素。气候变化导致冰川和积雪融化加速，水资源分布失衡，生物多样性受到威胁，灾害性气候事件频发。气候变化还引起海平面上升，沿海地区遭受洪涝、风暴潮等自然灾害影响更为严重。气候变化对农、林、牧、渔等经济社会活动产生不利影响，加剧疾病传播，威胁经济社会发展和人群健康。未来全球气候变化的不利影响还将进一步增大。

我国是易受气候变化不利影响的国家。近一个世纪以来，我国区域降水波动性增大，西北地区降水有所增加，东北和华北地区降水减少，海岸侵蚀和咸潮入侵等海岸带灾害加重。全球气候变化已对我国经济社会发展和人民生活产生重要影响。自 20 世纪 50 年代以来，我国冰川面积缩小了 10% 以上，并自 90 年代开始加速退缩。极端天气气候事件发生频率增加，北方水资源短缺和南方季节性干旱加剧，洪涝等灾害频发，登陆台风强度和破坏度增强，农业生产灾害损失加大，重大工程建设和运营安全受到影响。

第二节　应对气候变化工作现状

党中央、国务院高度重视应对气候变化工作，采取了一系列积极的政策行动，成立了

注：《国家应对气候变化规划（2014—2020 年）》由国家发展改革委（发改气候〔2014〕2347 号）印发。

国家应对气候变化领导小组和相关工作机构，积极建设性参与国际谈判。编制并实施《中国应对气候变化国家方案》、《"十二五"控制温室气体排放工作方案》和《国家适应气候变化战略》，加快推进产业结构和能源结构调整，大力开展节能减碳和生态建设，积极推动低碳试点示范，加强应对气候变化能力建设，努力提高全社会应对气候变化意识，应对气候变化各项工作取得积极进展。2013年，我国单位国内生产总值二氧化碳排放比2005年下降28.5%，非化石能源在一次能源中的比重提高到9.8%，水电装机容量、风电装机容量、核电在建规模、太阳能热水器集热面积、农村沼气用户量均居世界第一位，森林覆盖率由2005年的18.21%提高到21.6%。水资源、农林、防灾减灾等重点领域适应气候变化能力有所增强。

同时，我国应对气候变化工作基础还相对薄弱，相关法律法规、体制机制、政策体系、标准规范还不健全，相关财税、投资、价格、金融等政策机制需要进一步创新，市场化机制需要进一步强化，统计核算等能力建设亟需加强，气候友好技术研发和推广应用能力需要进一步提高，人才队伍建设相对滞后，全社会应对气候变化的认识水平和能力亟待提高。

第三节　应对气候变化面临的形势

今后一个时期是我国全面建成小康社会的关键时期，也是我国大力推进生态文明建设、转变经济发展方式、促进绿色低碳发展的重要战略机遇期，应对气候变化工作面临新形势、新任务和新要求。

从国际看，国际社会已就控制全球气温升高不超过2℃达成政治共识，并将进一步强化全球应对气候变化行动安排。同时，绿色低碳发展逐渐成为全球经济发展的方向和潮流，成为产业和科技竞争的关键领域。各国都在加快制定绿色低碳发展战略和政策。

从国内看，改革开放以来，我国经济社会发展取得了举世瞩目的成就，但由于经济发展方式粗放，能源消费结构不合理，单位国内生产总值能耗水平偏高，资源环境瓶颈制约不断加剧。当前，我国仍处在工业化、城镇化进程中，加快推进绿色低碳发展，有效控制温室气体排放，已成为我国转变经济发展方式、大力推进生态文明建设的内在要求。同时，气候变化对城市建设、农业、林业、水资源等影响加剧，气候灾害频发，也迫切需要采取积极的适应行动。

第四节　积极应对气候变化的战略要求

我国经济社会发展新阶段、新态势和国际发展潮流，对应对气候变化工作提出了新的要求。

把积极应对气候变化作为国家重大战略。统筹国内国际两个大局，统筹当前利益和长远发展，实施积极应对气候变化国家战略，明确应对气候变化在经济社会发展中的定位、政策框架和制度安排，努力形成全社会积极应对气候变化的整体合力，促进发展方式转变和经济结构调整，推动经济社会可持续发展。

把积极应对气候变化作为生态文明建设的重大举措。以应对气候变化为契机，大幅降低碳排放强度，形成绿色低碳发展的倒逼机制；根据适应气候变化的需要，提高城乡建设、农、林、水资源等重点领域和脆弱地区适应气候变化能力，切实提高防灾减灾水平。

充分发挥应对气候变化对相关工作的引领作用。 按照绿色低碳发展和控制温室气体排放行动目标的要求，统筹推进调整产业结构、优化能源结构、节能提高能效、增加碳汇等工作；发挥应对气候变化工作对节能、非化石能源发展、生态建设、环境保护、防灾减灾等工作的引领作用。

第二章　指导思想和主要目标

第一节　指导思想和基本原则

以邓小平理论、"三个代表"重要思想、科学发展观为指导，深入贯彻党的十八大和十八届二中、三中全会精神，认真落实党中央、国务院的各项决策部署，牢固树立生态文明理念，坚持节约能源和保护环境的基本国策，统筹国内与国际、当前与长远，减缓与适应并重，坚持科技创新、管理创新和体制机制创新，健全法律法规标准和政策体系，不断调整经济结构、优化能源结构、提高能源效率、增加森林碳汇，有效控制温室气体排放，努力走一条符合中国国情的发展经济与应对气候变化双赢的可持续发展之路。坚持共同但有区别的责任原则、公平原则、各自能力原则，深化国际交流与合作，同国际社会一道积极应对全球气候变化。

我国应对气候变化工作的基本原则：

——坚持国内和国际两个大局统筹考虑。从现实国情和需要出发，大力促进绿色低碳发展。积极建设性参与国际合作应对气候变化进程，发挥负责任大国作用，有效维护我国正当发展权益，为应对全球气候变化作出积极贡献。

——坚持减缓和适应气候变化同步推动。积极控制温室气体排放，遏制排放过快增长的势头。加强气候变化系统观测、科学研究和影响评估，因地制宜采取有效的适应措施。

——坚持科技创新和制度创新相辅相成。加强科技创新和推广应用，增强应对气候变化科技支撑能力。注重制度创新和政策设计，为应对气候变化提供有效的体制机制保障，充分发挥市场机制作用。

——坚持政府引导和社会参与紧密结合。发挥政府在应对气候变化工作中的引导作用，形成有效的激励机制和良好的舆论氛围。充分发挥企业、公众和社会组织的作用，形成全社会积极应对气候变化的合力。

第二节　主要目标

到2020年，应对气候变化工作的主要目标是：

——控制温室气体排放行动目标全面完成。单位国内生产总值二氧化碳排放比2005年下降40%～45%，非化石能源占一次能源消费的比重到15%左右，森林面积和蓄积量分别比2005年增加4000万公顷和13亿立方米。产业结构和能源结构进一步优化，工业、建筑、交通、公共机构等重点领域节能减碳取得明显成效，工业生产过程等非能源活动温室气体排放得到有效控制，温室气体排放增速继续减缓。

——低碳试点示范取得显著进展。支持低碳发展试验试点的配套政策和评价指标体系逐步完善，形成一批各具特色的低碳省区、低碳城市和低碳城镇，建成一批具有典型示范意义的低碳城区、低碳园区和低碳社区，推广一批具有良好减排效果的低碳技术和产品，实施一批碳捕集、利用和封存示范项目。

——适应气候变化能力大幅提升。重点领域和生态脆弱地区适应气候变化能力显著增强。初步建立农业适应技术标准体系，农田灌溉水有效利用系数提高到 0.55 以上；沙化土地治理面积占可治理沙化土地治理面积的 50% 以上，森林生态系统稳定性增强，林业有害生物成灾率控制在 4‰ 以下；城乡供水保证率显著提高；沿海脆弱地区和低洼地带适应能力明显改善，重点城市城区及其他重点地区防洪除涝抗旱能力显著增强；科学防范和应对极端天气与气候灾害能力显著提升，预测预警和防灾减灾体系逐步完善。适应气候变化试点示范深入开展。

——能力建设取得重要成果。应对气候变化的法规体系基本形成，基础理论研究、技术研发和示范推广取得明显进展。区域气候变化科学研究、观测和影响评估水平显著提高。气候变化相关统计、核算和考核体系逐步健全。人才队伍不断壮大。全社会应对气候变化意识进一步增强。应对气候变化管理体制和政策体系更加完备，全国碳排放交易市场逐步形成。

——国际交流合作广泛开展。气候变化国际交流、对话和务实合作不断加强，"南南合作"进一步深化。我国在国际谈判中的核心关切和正当权益得到切实维护，积极建设性作用得到有效发挥。

第三章　控制温室气体排放

第一节　调整产业结构

抑制高碳行业过快增长。控制高耗能、高排放行业产能扩张，修订产业结构调整指导目录，提高新建项目准入门槛，制定重点行业单位产品温室气体排放标准，优化品种结构。优化工业空间布局，在符合国家产业政策的前提下，鼓励高碳行业通过区域有序转移、集群发展、改造升级降低碳排放。

推动传统制造业优化升级。运用高新技术和先进适用技术改造提升传统制造业，支持企业提升产品节能环保性能，打造绿色低碳品牌。加快淘汰落后产能，争取超额完成"十二五"淘汰落后产能目标任务。

大力发展战略性新兴产业和服务业。实施产业创新发展工程，2020 年战略性新兴产业增加值占国内生产总值比重达到 15% 左右。提高服务业增加值占国内生产总值的比重，2020 年达到 52% 以上。

第二节　优化能源结构

调整化石能源结构。合理控制煤炭消费总量，加强煤炭清洁利用，优化煤炭利用方式，制定煤炭消费区域差别化政策，大气污染防治重点地区实现煤炭消费负增长。加快石油、天然气资源勘探开发力度，推进页岩气等非常规油气资源调查评价与勘探开发利用。积极开发利用海外油气资源。继续推进煤层气（煤矿瓦斯）开发利用。2020 年天然气消费量在一次能源消费中的比重达到 10% 以上，利用量达到 3600 亿立方米。

有序发展水电。科学规划建设抽水蓄能电站。2020 年常规水电装机容量力争达到 3.5 亿千瓦，年发电量 1.2 万亿千瓦时。

安全高效发展核电。在确保安全的基础上高效发展核电，提升核电厂安全水平，稳步有序推进核电建设。2020 年总装机容量达到 5800 万千瓦。

大力开发风电。加快建设"三北地区"和沿海地区的八大千万千瓦级风电基地，因地制宜建设内陆中小型风电和海上风电项目，加强各类并网配套工程建设。2020 年并网风电装机容量达到 2 亿千瓦。

推进太阳能多元化利用。建设一批"万千瓦级"大型光伏电站。开展以分布式太阳能光伏为主的新能源城市和微网系统示范建设，加快实施光伏发电建筑一体化应用项目。扩大太阳能热利用技术的应用领域，支持开展太阳能热发电项目示范。2020 年太阳能发电装机容量达到 1 亿千瓦，太阳能热利用安装面积达到 8 亿平方米。

发展生物质能。优先建设生物质多联产项目，加快发展沼气发电，推动城市垃圾焚烧和填埋气发电。实现生物质成型燃料产业化，加快生物质液体燃料产业化进程，积极发展生物质供气。2020 年全国生物质能发电装机容量达到 3000 万千瓦，生物质成型燃料年利用量 5000 万吨，沼气年利用量 440 亿立方米，生物液体燃料年利用量 1300 亿立方米。

推动其他可再生能源利用。提高地热、海洋能等开发利用水平。建设地热能发电示范项目。鼓励因地制宜推进浅层地温能冬季供暖、夏季制冷示范。建设一批潮汐能、潮流能示范电站，结合海岛用能需求，建设海洋能与风能、太阳能发电等多能互补独立示范电站。

第三节　加强能源节约

控制能源消费总量。按照目标明确、责任落实、措施到位、奖惩分明的总体要求，建立能源消费总量控制和评价考核制度，强化政府责任和政策导向，严格执行固定资产投资项目节能评估和审查制度，实施终端用能产品强制性能效标识制度，制定和完善高耗能产品能耗限额标准。到 2020 年，一次能源消费总量控制在 48 亿吨标准煤左右。

加强重点领域节能。重点推进电力、钢铁、建材、有色、化工等行业节能。强化新建建筑节能，加大既有建筑节能改造力度，实施绿色建筑行动方案。推进交通运输节能，加快构建绿色低碳安全高效的综合交通运输体系。推进商业和民用、农业和农村以及公共机构节能。实施节能改造工程、节能产品惠民工程、合同能源管理推广工程、节能技术产业化示范工程等重大节能工程。继续开展万家企业节能低碳行动。

大力发展循环经济。在农业、工业、建筑、商贸服务等重点领域推进循环经济发展，从源头和全过程控制温室气体产生和排放。健全资源循环利用回收体系，制定循环经济技术和产品目录。

第四节　增加森林及生态系统碳汇

增加森林碳汇。实施应对气候变化林业专项行动计划，统筹城乡绿化，加快荒山造林，推进"身边增绿"和城市园林绿化，深入开展全民义务植树活动，继续实施天然林保护、退耕还林、防护林建设、石漠化治理等林业生态重点工程。强化现有森林资源保护，切实加强森林抚育经营和低效林改造，减少毁林排放。

增加农田、草原和湿地碳汇。加强农田保育和草原保护建设，提升土壤有机碳储量，增加农业土壤碳汇。推广秸秆还田、精准耕作技术和少免耕等保护性耕作措施。建立草原生态补偿长效机制，进一步在草原牧区落实草畜平衡和禁牧、休牧、划区轮牧等草原保护制度，控制草原载畜量，遏制草场退化；继续实施退牧还草、京津风沙源草地治理等生态工程建设，恢复草原植被，提高草原覆盖度。加强湿地保护，增强湿地储碳能力，开展滨海湿地固碳试点。

第五节　控制工业领域排放

实施工业应对气候变化行动计划，到 2020 年，单位工业增加值二氧化碳排放比 2005 年下降 50% 左右。

能源工业。在电力行业加快建立温室气体排放标准，到 2015 年大型发电企业集团单位供电二氧化碳排放水平控制在 650 克/千瓦时。优先发展高效热电联产机组，以及大型坑口燃煤电站和低热值煤炭资源、煤矿瓦斯等综合利用电站，鼓励采用清洁高效、大容量超超临界燃煤机组。开展整体煤炭气化燃气——蒸汽联合循环发电和燃煤电厂碳捕集、利用和封存示范工程建设。2015 年全国火电单位供电二氧化碳排放比 2010 年下降 3% 左右。在石油天然气行业推广放空天然气和油田伴生气回收利用技术、油气密闭集输综合节能技术、利用二氧化碳驱油等技术。禁止新开发二氧化碳气田，逐步关停现有气井。煤炭行业要加快采用高效采掘、运输、洗选工艺和设备，加快煤层气抽采利用，推广应用二氧化碳驱煤层气技术。

钢铁工业。严格控制产能规模，推动产品升级，推广高温高压干熄焦、焦炉煤调湿烧结余热发电、高炉炉顶余压余热发电、资源综合利用等技术。建设废钢回收、加工、配送体系，积极发展以废钢为原料的电炉短流程工艺，建设循环型钢铁工厂。2020 年钢铁行业二氧化碳排放总量基本稳定在"十二五"末的水平。

建材工业。优化品种结构，进一步降低单位产品二氧化碳排放强度。水泥行业要鼓励采用电石渣、造纸污泥、脱硫石膏、粉煤灰、冶金渣尾矿等工业废渣和火山灰等非碳酸盐原料替代传统石灰石原料，加快推广纯低温余热发电技术和水泥窑协同处置废弃物技术，发展散装灰泥、高等级水泥和新型低碳水泥。玻璃行业要加快开发低辐射玻璃、光伏发电用太阳能玻璃等新型低碳产品，推广先进的浮法工艺、玻璃熔窑富氧燃烧、余热回收利用等技术。陶瓷行业加快发展薄形化、减量化、节水型产品，研究推广干法制粉等工艺技术，加快高效节能窑炉、耐火材料和新型燃料的开发利用。2020 年水泥行业二氧化碳排放总量基本稳定在"十二五"末的水平。

化学工业。重点发展高端石化产品。合成氨行业要重点推广先进煤气化技术、高效脱硫脱碳、低位能余热吸收制冷等技术。乙烯行业要优化原料结构,重点推广重油催化热裂解等新技术。电石行业要加快采用大型密闭式电石炉,重点推广炉气利用、空心电极等低碳技术。己二酸、硝酸和含氢氯氟烃行业要通过改进生产工艺,采用控排技术显著减少氧化亚氮和氢氟碳化物的排放。加大氢氟碳化物替代技术和替代品的研发投入,鼓励使用六氟化硫混合气和回收六氟化硫。

有色工业。电解铝行业要推广大型预焙电解槽技术,重点推广新型阴极结构、新型导流结构、高阳极电流密度超大型铝电解槽等先进低碳工艺。铜熔炼行业要采用先进的富氧闪速及富氧熔池熔炼工艺,铅熔炼行业要采用氧气底吹炼铅新工艺及其它氧气直接炼铅技术,锌冶炼行业要发展新型湿法工艺,镁冶炼行业要积极推广新型竖窑煅烧技术。

轻纺工业。造纸工业要推进林纸一体化,加大废纸资源综合利用,科学合理使用非木纤维。食品、医药等行业加快生物酶催化和应用等关键技术推广。纺织工业要优化工艺路线,加强新型纺纱织造工艺技术及设备应用。

第六节　控制城乡建设领域排放

优化城市功能布局。加强城市低碳发展规划,优化城市组团和功能布局,提高建成区人口密度和基础设施使用效率,降低城市远距离交通出行需求。城市新区建设规划要探索进行碳排放评估。

强化城市低碳化建设和管理。建设以节能低碳为特征的煤、气、电、热等能源供应设施、给排水设施、生活污水和垃圾处理等城市基础设施。研究制定建筑物使用年限管理的法律法规,建立建筑使用全寿命周期管理制度,严格建筑拆除管理。改进工程技术标准,通过广泛应用高强度、高性能混凝土和钢材,提高工程建筑质量,延长使用寿命。因地制宜适度发展木结构建筑。推广屋顶和墙体绿化。统筹城市低碳发展和绿色转型,协同治理城市大气污染物和温室气体排放。加强城市照明管理,实施城市绿色照明专项行动,创建绿色照明示范城市,推进供热计量改革,实施供热计量收费和能耗定额管理,开展"节能暖房"工程。

发展绿色建筑。采用先进的节能减碳技术和建筑材料,因地制宜推动太阳能、地热能、浅层地温能等可再生能源建筑一体化应用。太阳能富集地区要出台强制性太阳能推广应用措施。加强建筑节能管理,提升并严格执行新建建筑节能标准,推广绿色建筑标准。力争到2020年城镇绿色建筑占新建建筑比重达到50%。加快公共建筑节能改造,对重点能耗建筑实行动态监测。鼓励农村新建节能建筑和既有建筑的节能改造,引导农民建设可再生能源和节能型住房。

第七节　控制交通领域排放

城市交通。合理配置城市交通资源。逐步建立特大城市机动车保有总量调控机制。积极发展城市公共交通,完善城市步行和自行车交通系统,加快建设公交专用道、公交场站等设施和公共自行车服务系统。积极推广天然气动力汽车、纯电动汽车等新能源汽车。

2020 年，大中城市公交出行分担比率达到 30%。

公路运输。完善公路交通网络。推广应用温拌沥青、沥青路面材料再生利用等低碳铺路技术和养护技术，推广隧道通风照明智能控制技术，对高速公路服务区等进行节能低碳改造，推广应用电子不停车收费、检测、信息传输系统。重点推进公路集装箱多式联运、甩挂运输等高效运输组织方式。研究建立新车碳排放标准，提高燃油经济性，加快淘汰老旧车辆，鼓励发展低排放车辆。2020 年，单位客运周转量二氧化碳排放比 2010 年降低5%，单位货运周转量二氧化碳排放比 2010 年降低 13%。

铁路运输。完善铁路运输网络，加快铁路电气化改造，提高电力机车承担铁路客货运输工作量比重，提升铁路运输能力，推行铁路节能调度。积极发展集装箱海铁联运，加快淘汰老旧机车，发展节能低碳机车、动车组。加强车站等设施低碳化改造和运营管理。2020 年铁路单位运输工作量二氧化碳排放比 2010 年降低 15%。

水路运输。促进运输船舶向大型化、专业化方向发展。加快推进内河船型标准化。完善老旧船舶强制报废制度。推进船舶混合动力、替代能源技术和太阳能、风能、天然气、热泵等船舶生活用能技术研发应用。在有条件的港口逐步推广液化天然气及新能源利用，积极推进靠港船舶使用岸电。加强港口、码头低碳化改造和运营管理。2020 年，单位客货运周转量二氧化碳排放比 2010 年降低 13%。

航空运输。完善空中交通网络，优化机队结构。积极推动航空生物燃料使用，加快应用节油技术和措施。加强机场低碳化改造和运营管理。2020 年，民用航空单位客货运周转量的二氧化碳排放比 2010 年降低 11% 左右。

第八节 控制农业、商业和废弃物处理领域排放

控制农业生产活动排放。积极推广低排放高产水稻品种，改进耕作技术，控制稻田甲烷和氧化亚氮排放。开展低碳农业发展试点。鼓励使用有机肥，因地制宜推广"猪—沼—果"等低碳循环生产方式。发展规模化养殖。推动农作物秸秆综合利用、农林废物资源化利用和牲畜粪便综合利用。积极推进地热能在设施农业和养殖业中的应用。控制林业生产活动温室气体排放。加快发展节油、节电、节煤等农业机械和渔业机械、渔船。加强农机农艺结合，优化耕作环节，实行少耕、免耕、精准作业和高效栽培。

控制商业和公共机构排放。开展低碳机关、低碳校园、低碳医院、低碳场馆、低碳军营等建设。针对商店、宾馆、饭店、旅游景区等商业机构，通过加强节能、可再生能源等新技术应用，加强资源节约和综合循环利用，加强运营管理，有效控制商业机构二氧化碳排放。严格执行夏季、冬季空调温度设置标准等用能管理制度。加强国家机关办公区和大型公共建筑节能管理。

控制废弃物处理领域排放。加大生活垃圾无害化处理设施建设力度。健全生活垃圾分类、资源化利用、无害化处理相衔接的收转运体系，对生活垃圾进行统一收集和集中处理。推进餐厨垃圾无害化处理和资源化利用，鼓励残渣无害化处理后制作肥料。在具有甲烷收集利用价值的垃圾填埋场开展甲烷收集利用及再处理工作。在具备条件的地区鼓励发展垃圾焚烧发电。

第九节　倡导低碳生活

鼓励低碳消费。抑制不合理消费，限制商品过度包装，减少一次性用品使用。各级国家机关、事业单位、团体组织等公共机构要率先践行勤俭节约和低碳消费理念。鼓励使用节能低碳产品，加快建设高效快捷的低碳产品物流体系，拓宽低碳产品销售渠道，设立低碳产品销售专区和低碳产品超市，建立节能、低碳产品信息发布和查询平台。

开展低碳生活专项行动。开展"低碳饮食行动"，推进餐饮点餐适量化，公务接待简约化，遏制食品浪费。倡导消费者减少不必要的衣物消费，加快衣物再利用。制定合理的住房消费标准，引导消费者使用绿色建筑。深入开展低碳家庭创建活动，提倡公众在日常生活中养成节水、节电、节气、垃圾分类等低碳生活方式。倡导公众参与造林增汇活动。

倡导低碳出行。积极倡导"135"绿色出行方式（1 公里以内步行，3 公里以内骑自行车，5 公里左右乘坐公共交通工具）。鼓励公众采用公共交通出行方式，支持购买小排量汽车、节能汽车和新能源车辆。向公众提供专业信息服务。倡导"每周少开一天车"、"低碳出行"等活动，鼓励共乘交通和低碳旅游。

第四章　适应气候变化影响

第一节　提高城乡基础设施适应能力

城乡建设。城乡建设规划要充分考虑气候变化影响，新城选址、城区扩建、乡镇建设要进行气候变化风险评估；积极应对热岛效应和城市内涝，修订和完善城市防洪治涝标准，合理布局城市建筑、公共设施、道路、绿地、水体等功能区，禁止擅自占用城市绿化用地，保留并逐步修复城市河网水系，鼓励城市广场、停车场等公共场地建设采用渗水设计；加强雨洪资源化利用设施建设；加强供电、供热、供水、排水、燃气、通信等城市生命线系统建设，提升建造、运行和维护技术标准，保障设施在极端天气气候条件下平稳安全运行。

水利设施。优化调整大型水利设施运行方案，研究改进水利设施防洪设计建设标准。继续推进大江大河干流综合治理。加快中小河流治理和山洪地质灾害防治，提高水利设施适应气候变化的能力，保障设施安全运营。加强水文水资源监测设施建设。

交通设施。加强交通运输设施维护保养，研究改进公路、铁路、机场、港口、航道、管道、城市轨道等设计建设标准，优化线路设计和选址方案，对气候风险高的路段采用强化设计；研究运用先进工程技术措施，解决冻土等特殊地质条件下的工程建设难题，加强对高寒地区铁路和公路路基状况的监测。

能源设施。评估气候变化对能源设施影响；修订输变电设施抗风、抗压、抗冰冻标准，完善应急预案；加强对电网安全运行、采矿、海上油气生产等的气象服务；研究改进海上油气田勘探与生产平台安全运营方案和管理方式。

第二节　加强水资源管理和设施建设

加强水资源管理。实行最严格的水资源管理制度，大力推进节水型社会建设。加强水资源优化配置和统一调配管理，加强中水、海水淡化、雨洪等非传统水源的开发利用。完善跨区域作业调度运行决策机制，科学规划、统筹协调区域人工增雨（雪）作业；加强水环境保护，推进水权改革和水资源有偿使用制度，建立受益地区对水源保护地的补偿机制；严格控制华北、东北、黄淮、西北等地区地下水开发。

加快水资源利用设施建设。 继续开展工程性缺水地区重点水源建设，加快农村饮水安全工程建设，推进城镇新水源、供水设施建设和管网改造，加强西北干旱区、西南喀斯特地貌地区水利设施建设。加快重点地区抗旱应急备用水源工程及配套设施建设。在西北地区建设山地拦蓄融雪性洪水控制工程，实现化害为利。

第三节　提高农业与林业适应能力

种植业。 加快大型灌区节水改造，完善农田水利设施配套，大力推广节水灌溉、集雨补灌和农艺节水，积极改造坡耕地控制水土流失，推广旱作农业和保护性耕作技术，提高农业抗御自然灾害的能力；修订粮库、农业温室等设施的隔热保温和防风荷载设计标准。根据气候变化趋势调整作物品种布局和种植制度，适度提高复种指数；培育高光效、耐高温和耐旱作物品种。

林业。 坚持因地制宜，宜林则林、宜灌则灌，科学规划林种布局、林分结构、造林时间和密度。对人工纯林进行改造，提高森林抚育经营技术。加强森林火灾、野生动物疫源疾病、林业有害生物防控体系建设。

畜牧业。 坚持草畜平衡，探索基于草地生产力变化的定量放牧、休牧及轮牧模式。严重退化草地实行退牧还草。改良草场，建设人工草场和饲料作物生产基地，筛选具有适应性强、高产的牧草品种，优化人工草地管理。加强饲草料储备库与保温棚圈等设施建设。

第四节　提高海洋和海岸带适应能力

加强海洋灾害防护能力建设。 修订和提高海洋灾害防御标准，完善海洋立体观测预报网络系统，加强对台风、风暴潮、巨浪等海洋灾害预报预警，健全应急预案和响应机制，提高防御海洋灾害的能力。

加强海岸带综合管理。 提高沿海城市和重大工程设施防护标准。加强海岸带国土和海域使用综合风险评估。严禁非法采砂，加强河口综合整治和海堤、河堤建设。控制沿海地区地下水超采，防范地面沉降、咸潮入侵和海水倒灌。

加强海洋生态系统监测和修复。 完善海洋生态环境监视监测系统，加强海洋生态灾害监测评估和海洋自然保护区建设，推进海洋生态系统保护和恢复，大力营造沿海防护林，开展红树林和滨海湿地生态修复。

保障海岛与海礁安全。 加强海平面上升对我国海域岛、洲、礁、沙、滩影响的动态监控，提高岛、礁、滩分布集中海域特别是南海地区气候变化监测观测能力。实施海岛防风、防浪、防潮工程，提高海岛海堤、护岸等设防标准，防治海岛洪涝和地质灾害。

第五节　提高生态脆弱地区适应能力

推进农牧交错带与高寒草地生态建设和综合治理。 严格控制牲畜数量，强化草畜平衡管理；加强草地防火与病虫鼠害防治；严格控制新开垦耕地，巩固退耕还林还草成果，加强防护林体系建设；推广生态畜牧业和"农繁牧育"生产方式。加强重点地区草地退化防治和高寒湿地保护与修复。

加强黄土高原和西北荒漠区综合治理。加强黄土高原水土流失治理，实施陡坡地退耕还林还草，大力加强小流域综合治理；加强西北内陆河水资源合理利用；严格禁止荒漠化地区的农业开发，实施禁牧封育；开展沙荒地和盐碱地综合治理，推广生物治理措施，探索盐碱地的资源化开发与利用。

开展石漠化地区综合治理。以林草植被恢复重建为核心，转变农业经济发展模式，发展特色立体农业，加快退耕还林还草、封山育林、人工造林步伐。坚决制止滥垦、滥伐、滥挖，推广坡改梯、坡面水系、雨水集蓄利用等工程措施和生物篱等生物措施，减轻山地灾害和水土流失。

第六节　提高人群健康领域适应能力

加强气候变化对人群健康影响评估。完善气候变化脆弱地区公共医疗卫生设施；健全气候变化相关疾病，特别是相关传染性和突发性疾病流行特点、规律及适应策略、技术研究，探索建立对气候变化敏感的疾病监测预警、应急处置和公众信息发布机制；建立极端天气气候灾难灾后心理干预机制。

制定气候变化影响人群健康应急预案。定期开展风险评估，确定季节性、区域性防治重点。加强对气候变化条件下媒介传播疾病的监测与防控。加强与气候变化相关卫生资源投入与健康教育，增强公众自我保护意识，改善人居环境，提高人群适应气候变化能力。

第七节　加强防灾减灾体系建设

加强预测预报和综合预警系统建设。加强基础信息收集，建立气候变化基础数据库，加强气候变化风险及极端气候事件预测预报。开展关键部门和领域气候变化风险分析，建立极端气候事件预警指数和等级标准，实现各类极端气候事件预测预警信息的共享共用和有效传递。建立多灾种早期预警机制，健全应急联动和社会响应体系。

健全气候变化风险管理机制。健全防灾减灾管理体系，改进应急响应机制。完善气候相关灾害风险区划和减灾预案。开发政策性与商业性气候灾害保险，建立巨灾风险转移分担机制。针对气候灾害新特征调整防灾减灾对策，科学编制极端气候事件和灾害应急处置方案。

加强气候灾害管理。科学规划、合理利用防洪工程。严禁盲目围垦、设障、侵占湖泊、河滩及行洪通道，研究探索水库汛限水位动态控制。完善地质灾害预警预报和抢险救灾指挥系统。采取导流堤、拦砂坝、防冲墙等工程治理措施，合理实施搬迁避让措施。

第五章　实施试点示范工程

第一节　深化低碳省区和城市试点

低碳省区试点。落实试点省区低碳发展规划和实施方案，加大财政投入和政策支持力度，鼓励体制机制创新，率先形成绿色低碳发展模式。2020 年试点省区碳强度下降幅度超过全国平均水平。积极利用"两型"社会建设试验区、可持续发展实验区等开展低碳试点示范工作。

低碳城市试点。制定低碳发展路线图和时间表。加快建立以低碳为特征的城市工业、建筑、交通、能源体系，倡导绿色低碳的生活方式和消费模式。开展低碳城(镇)试点，从规划、建设、运营、管理全过程探索产业低碳发展与城市低碳建设相融合的新模式，为全国新型城镇化和低碳发展提供有益经验。扎实推进绿色低碳重点小城镇试点示范工作。

专栏 1　部分新建低碳城(镇)试点

广东深圳国际低碳城：以低碳服务业和低碳技术应用为重点，构建完整的低碳产业链，打造以智能交通、无线网络、智能电网、绿色建筑等基础设施为支撑的低碳发展示范区。建成低碳技术研发中心、低碳技术集成应用示范中心、低碳产业和人才集聚中心和低碳发展服务中心。

山东青岛中德生态园：以泛能网为平台，发展分布式能源和绿色建筑，加强可再生能源应用，大力发展绿色建材、绿色金融、高端制造业、职业教育等，打造具有可持续发展示范意义的生态低碳产业园区。

江苏镇江官塘低碳新城：通过强化园区低碳规划、优化园区产业链，发展商贸、物流、旅游等现代服务业，抓好可再生能源、绿色建筑、碳汇、低冲击开发雨水收集处理、绿道慢行系统、智慧管理等六大工程建设，探索园区低碳化公共服务管理模式，打造新型示范城区。

云南昆明呈贡低碳新区：切实转变城市经济发展方式，大力发展第三产业和都市型低碳农业，坚持产城融合和公交引导开发的建设理念，通过科学的城区低碳规划，优化城市空间布局，加强可再生能源应用，大力发展低碳建筑，建设集湖光山色，融人文景观和自然景观于一体的环保型、园林化、可持续发展的现代化城市。

湖北武汉花山生态新城：重点发展软件研发、港口与保税物流、旅游与养生等低碳产业，建设花山生态艺术馆，加强光伏发电示范应用，新能源利用率超过15%，实现绿色建筑全覆盖，绿色交通出行率大于40%，中水回用率达40%，建成国际一流生态城、新型城镇化示范区。

江苏无锡中瑞低碳生态城：按照可持续城市功能、可持续生态环境、可持续能源利用、可持续水资源利用、可持续固废处理、可持续绿色交通和可持续建筑设计等原则要求，重点建设低碳展示中心、垃圾收集系统、生态住宅小区等低碳项目，打造具有完全自我平衡开发建设运营能力、可示范、可推广的低碳生态示范区。

第二节　开展低碳园区、商业和社区试点

低碳园区试点。深入开展低碳产业园区和低碳工业园区试点，高标准新建一批低碳产业示范园区。加强园区低碳规划，优化园区产业链和生产组织模式，建设园区低碳能源供应和利用、低碳物流、低碳建筑支撑体系，积极探索低碳产业园区管理模式，试点园区碳

排放强度达到同类园区先进水平，新建园区达到领先水平。到 2020 年，建成 150 家左右低碳产业示范园区。制定低碳产业园区试点评价指标体系和建设规范。

　　低碳商业试点。选择具有代表性的商店、宾馆、饭店、旅游景区等商业机构开展试点，通过加强节能、可再生能源等新技术应用，加强运营和供应链管理，显著降低试点商业机构二氧化碳排放。2020 年前创建低碳商业试点 1000 个左右。

专栏 2　低碳商业试点

　　低碳商贸试点：开展低碳商场试点，在设计、建设、运营、物流和废弃物处理等方面，坚持安全、环保、健康、低碳理念，加强低碳管理，通过在商场内采用高效节能照明、空调、冷柜等设备，设定各类用电设备开启和关闭时间，限制专柜单位面积用电量，禁止销售过度包装商品，鼓励销售低碳产品等措施，建立绿色低碳供应链，显著降低试点商场碳排放强度。开展低碳配送中心试点和低碳会展试点。

　　低碳宾馆试点：选择具有代表性的宾馆开展低碳宾馆试点，在宾馆设计、建筑装饰、节约用水、能源管理、餐饮娱乐和废弃物处理等方面，加强低碳管理和服务，显著降低试点宾馆碳排放强度。

　　低碳餐饮试点：选择具有代表性的餐饮机构开展低碳餐饮试点，在餐饮机构设计、建设、运营等方面，使用环保建筑装修材料、节能空调、节能冰箱、节能灯具和节能灶具，拒绝或逐步减少一次性餐具，推广使用电子菜谱，引导顾客理性消费、适度消费。通过开展试点工作，显著降低试点餐饮机构碳排放强度。

　　低碳旅游试点：选择具有代表性的旅游景区开展低碳旅游试点，在景区规划设计、建设、运营和废弃物处理等方面践行低碳，鼓励景区照明使用太阳能、生物能等清洁能源，景区内交通使用电瓶车、自行车等交通工具，提倡游客入住舒适、便捷的经济型酒店，拒绝或逐步减少一次性餐具。通过开展试点工作，显著降低试点旅游景区碳排放强度。

　　低碳社区试点。结合新型城镇化建设和社会主义新农村建设，扎实推进低碳社区试点。在社区规划设计、建筑材料选择、供暖供冷供电供热水系统、社区照明、社区交通、建筑施工等方面，实现绿色低碳化。推广绿色建筑，加快绿色建筑节能整装配套技术、室内外环境健康保障技术、绿色建造和施工关键技术和绿色建材成套应用技术研发应用，推广住宅产业化成套技术，鼓励建立高效节能、可再生能源利用最大化的社区能源、交通保障系统，积极利用地热、浅层地温能、工业余热为社区供暖供冷供热水，积极探索土地节约利用、水资源和本地资源综合利用，加强社区生态建设，建立社区节电节水、出行、垃圾分类等低碳行为规范，倡导建立社区二手生活用品交换市场，引导社区居民普遍接受绿色低碳的生活方式和消费模式，建立社区生活信息化管理系统。重点城市制订低碳社区建设规划，明确工作任务和实施方案。鼓励军队开展低碳营区试点。"十二五"末全国开展的低碳社区试点争取达到 1000 个左右。

第三节　实施减碳示范工程

低碳产品推广工程。研究制定低碳产品推广目录，"十二五"时期优先推广低碳空调、冰箱和电视以及带有低碳标识的平板玻璃、通用硅酸盐水泥和电动机等产品。

高排放产品节约替代示范工程。实施水泥、钢铁、石灰、电石等高耗能、高排放产品替代工程。鼓励开发和使用高性能、低成本、低消耗的新型材料替代传统钢材，大力开展建筑材料替代。鼓励使用缓控释肥产品、有机肥等替代传统化肥。

工业生产过程温室气体控排示范工程。在水泥、石灰、有色金属、钢铁、电石、己二酸、硝酸、含氢氯氟烃、输配电设备、家电等行业重点企业，加强原料替代，通过改进生产工艺，采用控排技术，减少工业生产过程温室气体排放。

碳捕集、利用和封存示范工程。在火电、化工、油气开采、水泥、钢铁等行业中实施碳捕集试验示范项目，在地质条件适合的地区，开展封存试验项目，实施二氧化碳捕集、驱油、封存一体化示范工程。积极探索二氧化碳资源化利用的途径、技术和方法。

第四节　实施适应气候变化试点工程

城市气候灾害防治试点工程。开展内涝、高温、干旱等灾害的综合防治试点，评估气候变化对我国不同区域城市的影响，探索城市在气候变化条件下加强灾害监测预警、提高规划建设标准、保障生命线系统等方面的有效措施与做法。

海岸带综合管理和灾害防御试点工程。通过加强海岸带管理和生态保护，采取营造沿海防护林、加强沿海设施建设、水资源调配以淡压咸等针对性措施，保护和修复海岸带生态系统，提高沿海地区防御风暴潮灾害的能力，探索防治咸潮入侵和海水侵入地下含水层的有效方法。

草原退化综合治理试点工程。通过加强草地资源与环境监测、水资源利用与管理，采取退牧还草、围栏封育、人工饲草基地建设、耐旱牧草与适应性牲畜品种推广等措施，综合治理退化草原，促进基于草畜平衡的草原畜牧业发展。

城市人群健康适应气候变化试点工程。编制和修订应对极端天气气候事件的卫生应急预案，建立极端天气气候事件与人体健康监测预警网络，修订职业劳动防护标准，加强气候变化敏感行业的医疗救治能力建设；完善卫生设施配置，加强媒介传播疾病的监测、预警和防控，探索气候变化条件下保障人群健康的有效途径。

森林生态系统适应气候变化试点工程。通过营造乡土树种混交林，加强森林抚育和低效林改造，调整林分结构，促进形成异龄、复层、混交林分，加强林业有害生物和森林火灾等森林灾害监测预警和应急防控体系建设，提高森林生态系统适应气候变化和抵御灾害能力。

湿地保护与恢复试点工程。在长江、黄河、太湖等重点领域、沿海地区、重要生态功能区选择典型湿地，开展湿地保护和恢复试点工程，恢复退化湿地，提高相应区域、流域适应气候变化能力。

第六章　完善区域应对气候变化政策

第一节　城市化地区应对气候变化政策

城市化地区主要包括《全国主体功能区规划》划定的东部环渤海、长三角、珠三角三个优化开发区域和海峡西岸经济区、冀中南、北部湾地区、哈长地区、中原经济区、太原城市群、东陇海地区、长江中游地区、皖江城市带、呼包鄂榆地区、关中—天水地区、成渝地区、黔中地区、滇中地区、宁夏沿黄经济区、兰州—西宁地区、藏中南地区、天山北坡等18个重点开发区域，以及各省级主体功能区规划划定的城市化地区。

优化开发区域。确立严格的温室气体排放控制目标。建立重点行业单位产品温室气体排放标准，加快转变经济发展方式，调整产业结构，提高产业准入门槛，严格限制高耗能、高排放产业发展，大力发展战略性新兴产业和现代服务业，构建低碳产业体系和消费模式；加快现有建筑和交通体系的低碳化改造，大力发展低碳建筑和低碳交通，加快产业园区低碳化建设和改造，重点工业企业单位产品碳排放水平达到国内领先，大力建设低碳社区，倡导低碳消费和低碳生活方式；严格控制能源消费总量特别是煤炭消费总量，优化能源结构，加快发展风电、太阳能等低碳能源。在适应气候变化方面，提高沿海城市和重大工程设施的防护标准，提升应对风暴潮、咸潮、强台风、城市内涝等灾害的能力，完善城市公共设施建设标准，重点加强对城市生命线系统与交通运输及海岸重要设施的安全保障，增强应对极端气候事件的防灾减灾水平，加强气候变化相关疾病预警预防和应急响应体系建设。

重点开发区域。坚持走低消耗、低排放、高附加值的新型工业化道路，降低经济发展的碳排放强度，加快技术创新，加大传统产业的改造升级，发展低碳建筑和低碳交通，大力推动天然气、风能、太阳能、生物质能等低碳能源开发应用。实施积极的落户政策，加强人口集聚和吸纳能力建设，科学规划城市建设，完善城市基础设施和公共服务，进一步提高城市的人口承载能力。支持老工业基地和资源型城市加快绿色低碳转型。在中西部地区加快推进低碳发展试点示范。在适应气候变化方面，中部城市化地区要加强应对干旱、洪涝、高温热浪、低温冰雪等极端气象灾害能力建设；西部城市化地区重点加强应对干旱、风沙、城市地质灾害等防治。

第二节　农产品主产区应对气候变化政策

农产品主产区包括《全国主体功能区规划》划定的"七区二十三带"为主体的农产品主产区，以及各省级主体功能区规划划定的其他农产品主产区。

减缓方面。农产品主产区要把增强农业综合生产能力作为发展的首要任务，保护耕地，积极推进农业的规模化、产业化，限制进行高强度大规模工业化、城镇化开发，以县城为重点，推进城镇建设和工业发展，控制农业农村温室气体排放，发展沼气、生物质发电等可再生能源。鼓励引导人口分布适度集中，加强中小城镇规划建设，形成人口大分散小聚居的布局形态。

适应方面。提高农业抗旱、防洪、排涝能力，加大中低产田盐碱和渍害治理力度，选育推广抗逆优良农作物品种。提高东北平原适应气候变暖作物栽培区域北移影响的能力，加强黑土地保护，大力开展保护性耕作，适当扩大晚熟、中晚熟品种比重，大力发展优质粳稻、专用玉米、高油大豆和优质畜产品，扩大品种栽培界线。加强黄淮海平原地区地下水资源的监测和保护，压缩南水北调受水区地下水开采量，有条件的地区要开展地下水回灌，增强水源应急储备，开发替代型水源，促进适应型灌溉排水的设计和管理。积极调整品种结构，大力发展优质专用小麦、优质棉花、专用玉米、高蛋白大豆。加强汾河渭河平原、河套灌区农田旱作节水设施建设，促进水资源保护和土壤盐渍化防治，合理利用引、调水工程，积极发展山区水窖，建设淤地坝，控制水土流失。加强华南主产区近岸海域保护，健全沿海海洋灾害应急响应系统，建设沿海防护林体系，提高沿海地区抵御海洋灾害的能力；积极建设优质水稻产业带、甘蔗产业带和水产品产业带。提高甘肃新疆农产品主产区抗旱能力，积极发展绿洲农业，保护绿洲人工生态，构建局地小气候。保护性开发利用黑河、塔里木河等河流水资源，大力发展节水设施和节水农业。

第三节　重点生态功能区应对气候变化政策

重点生态功能区分为限制开发的重点生态功能区和禁止开发的重点生态功能区，限制开发的重点生态功能区包括《全国主体功能区规划》确定的 25 个国家级重点生态功能区，以及省级主体功能区规划划定的其他省级限制开发的重点生态功能区。禁止开发的重点生态功能区是指依法设立的各级各类自然文化资源保护区，以及其他需要特殊保护，禁止进行工业化、城市化开发，并点状分布于优化开发、重点开发和限制开发区域之中的重点生态功能区。

限制开发的重点生态功能区。严格控制温室气体排放增长。制定严格的产业发展目录，严格控制开发强度，限制新上高碳工业项目，逐步转移高碳产业，对不符合主体功能定位的现有产业实行退出机制，因地制宜发展特色低碳产业，以保护和修复生态环境为首要任务，努力增加碳汇，引导超载人口逐步有序转移。在条件适宜地区，积极推广沼气、风能、太阳能、地热能等清洁能源，努力解决农村特别是山区、高原、草原和海岛地区农村能源需求。加大气候变化脆弱地区生态工程建设与扶贫力度，加强国家扶贫政策和应对气候变化政策协调，推动贫困地区加快脱贫致富的同时增强应对气候变化能力，研究建立贫困地区应对气候变化扶持机制。

禁止开发区域。依据法律和相关规划实施强制性保护，严禁不符合主体功能定位的各类开发活动，按核心区、缓冲区、实验区的顺序，引导人口逐步有序转移，逐步实现"零排放"。严格保护风景名胜区内自然环境。禁止在风景名胜区从事与风景名胜资源无关的生产建设活动。根据资源状况和环境容量对旅游规模进行有效控制。加强生物多样性保护，根据气候变化状况科学调整各类自然保护区的功能区。

第七章　健全激励约束机制

第一节　健全法规标准

制定应对气候变化法规。研究制定应对气候变化法律法规，建立应对气候变化总体政策框架和制度安排，明确各方权利义务关系，为相关领域工作提供法律基础。研究制定应对气候变化部门规章和地方法规。

完善应对气候变化相关法规。根据需要进一步修改完善能源、节能、可再生能源、循环经济、环保、林业、农业等相关领域法律法规，发挥相关法律法规对推动应对气候变化工作的保障作用，保持各领域政策与行动的一致性，形成协同效应。

建立低碳标准体系。研究制定电力、钢铁、有色、建材、石化、化工、交通、建筑等重点行业温室气体排放标准。研究制定低碳产品评价标准及低碳技术、温室气体管理等相关标准。鼓励地方、行业开展相关标准化探索。

第二节　建立碳交易制度

推动自愿减排交易活动。实施《温室气体自愿减排交易管理办法》，建立自愿减排交易登记注册系统和信息发布制度，推动开展自愿减排交易活动。探索建立基于项目的自愿减排交易与碳排放权交易之间的抵销机制。

深化碳排放权交易试点。深入开展北京、天津、上海、重庆、湖北、广东、深圳等碳排放权交易试点，研究制定相关配套政策，总结评估试点工作经验，完善试点实施方案。

加快建立全国碳排放交易市场。总结温室气体自愿减排交易和碳排放权交易试点工作，研究制订碳排放交易总体方案，明确全国碳排放交易市场建设的战略目标、工作思路、实施步骤和配套措施。做好碳排放权分配、核算核证、交易规则、奖惩机制、监管体系等方面制度设计，制定全国碳排放交易管理办法。培育和规范交易平台，在重点发展好碳交易现货市场的基础上，研究有序开展碳金融产品创新。

健全碳排放交易支撑体系。制定不同行业减排项目的减排量核证方法学。制定工作规范和认证规则，开展温室气体排放第三方核证机构认可。研究制定相关法律法规、配套政策及监管制度。建立碳排放交易登记注册系统和信息发布制度。统筹规划碳排放交易平台布局，加强资质审核和监督管理。加快碳排放交易专业人才培养。

研究与国外碳排放交易市场衔接。积极参与全球性和行业性多边碳排放交易规则和制度的制定。密切跟踪其他国家（地区）碳交易市场发展情况。根据我国国情，研究我国碳排放交易市场与国外碳排放交易市场衔接可行性。在条件成熟的情况下，探索我国与其他国家（地区）开展双边和多边碳排放交易活动相关合作机制。

第三节　建立碳排放认证制度

建立碳排放认证制度。研究产品、服务、组织、项目、活动等层面碳排放核算方法和评价体系。加快建立完整的碳排放基础数据库。建立低碳产品认证制度，制定相应技术规范、评价标准、认证模式、认证程序和认证监管方式。推进各种低碳标准、标识的国际交流和互认。

推广低碳产品认证。选择碳排放量大、应用范围广的汽车、电器等用能产品，日用消费品及重要原材料行业典型产品，率先开展低碳产品认证。选择部分地区开展低碳产品推广试点。开展低碳认证宣传活动。

加强碳排放认证能力建设。加强认证机构能力建设和资质管理，规范第三方认证机构服务市场。在产品、服务、组织、项目、活动等层面建立低碳荣誉制度。支持出口企业建立产品碳排放评价数据库，提高企业应对新型贸易壁垒的能力。

第四节　完善财税和价格政策

加大财政投入。进一步加大财政支持应对气候变化工作力度。在财政预算中安排资金，支持应对气候变化试点示范、技术研发和推广应用、能力建设和宣传教育；加快低碳产品和设备的规模化推广使用，对购买低碳产品和服务的消费者提供补贴。积极创新财政资金使用方式。

完善税收政策。综合运用免税、减税和税收抵扣等多种税收优惠政策，促进低碳技术研发应用。研究对低碳产品（企业）的增值税（所得税）优惠政策。企业购进或者自制低碳设备发生的进项税额，符合相关规定的，允许从销项税额中抵扣。实行鼓励先进节能低碳技术设备进口的税收优惠政策。落实促进新能源和可再生能源发展的税收优惠政策。在资源税、环境税、消费税、进出口税等税制改革中，积极考虑应对气候变化需要。研究符合我国国情的碳税制度。

完善政府采购政策。逐步建立完善强制性政府绿色低碳采购政策体系，有效增加绿色低碳产品市场需求。在低碳产品标识、认证工作基础上，研究编制低碳产品政府采购目录。财政资金优先采购低碳产品。研究将专业化节能服务纳入政府采购。

完善价格政策。加快推进能源资源价格改革，建立和完善反映资源稀缺程度、市场供求关系和环境成本的价格形成机制。逐步理顺天然气与可替代能源比价关系、煤电价格关系。积极推行差别电价、惩罚性电价、居民阶梯电价、分时电价，引导用户合理用电。深化供热体制改革，全面推进供热计量收费。积极推进水价改革，促进水资源节约合理配置。完善城市停车收费政策，建立分区域、分时段的差别收费政策。完善生活垃圾处理收费制度。

第五节　完善投融资政策

完善投资政策。研究建立重点行业碳排放准入门槛。探索运用投资补助、贷款贴息等多种手段，引导社会资本广泛投入应对气候变化领域，鼓励拥有先进低碳技术的企业进入基础设施和公用事业领域。支持外资投入低碳产业发展、适应气候变化重点项目及低碳技术研发应用。

强化金融支持。引导银行业金融机构建立和完善绿色信贷机制，鼓励金融机构创新金融产品和服务方式，拓宽融资渠道，积极为符合条件的低碳项目提供融资支持。提高抵抗气候变化风险的能力。根据碳市场发展情况，研究碳金融发展模式。引导外资进入国内碳市场开展交易活动。

发展多元投资机构。完善多元化资金支持低碳发展机制，研究建立支持低碳发展的政策性投融资机构。吸引社会各界资金特别是创业投资基金进入低碳技术的研发推广、低碳发展重大项目建设领域。积极发挥中国清洁发展机制基金和各类股权投资基金在低碳发展中的作用。

第八章　强化科技支撑

第一节　加强基础研究

加强气候变化监测预测研究。加强温室气体本底监测及相关研究。建立长序列、高精度的历史数据库和综合性、多源式的观测平台，重点推进气候变化事实、驱动机制、关键反馈过程及其不确定性等研究，提高对气候变化敏感性、脆弱性和预报性的研究水平。

专栏3　气候变化观测基础设施建设

气候观测：完成国家基准气候站优化调整，建设一批基准气候站、无人自动气候站、辐射观测站和高空基准气候观测站。

大气成分观测：对已建全球大气本底站和区域大气本底站进行升级改造，根据需要新建若干区域大气本底站。

海洋基本气候变量观测：建设近海及海岸带基准气候站海洋基本气候变量观测系统及海洋气候观测站。

陆地基本气候变量观测：建设基准气候站陆地基本气候变量观测系统。

数据共享平台：组建气候基本变量数据汇集中心，搭建气候观测系统数据处理与共享平台，开发数据产品，对社会提供共享和产品服务。

加强地球气候系统研究。重点推进气候变化的事实、机制、归因、模拟、预测研究，完善地球系统模式设计，开发高性能集成环境计算方法和高分辨率气候系统模式，实现关键过程的参数化和重要过程的耦合，模拟重要气候事件，为研究气候变化发展规律提供必要的定量工具。跟踪评估气候变化地球工程国际研究进展，有序开展相关科学研究。加强全球气候变化地质记录研究，揭示气候变化周期事件以及气候变化幅度、频率等差异性特征。

加强气候变化影响及适应研究。围绕水资源、农业、林业、海洋、人体健康、生态系统、重大工程、防灾减灾等重点领域和北方水资源脆弱区、农牧交错带、脆弱性海洋带、生态系统脆弱带、青藏高原等典型区域，加强气候变化影响的机理与评估方法研究，建立部门、行业、区域适应气候变化理论和方法学。

加强人类活动对气候变化影响研究。建立全球温室气体排放、碳转移监测网络，重点加强土地开发、近海利用、人为气溶胶排放与全球气候变化关系研究，客观评估人类活动对全球气候变化的影响。

加强与气候变化相关的人文社会科学研究。研究气候变化问题对人类社会政治、经济、社会发展、伦理道德、文化等各层面的影响，完善相关学科体系，加强系统性综合研究，为提升应对气候变化的公众意识和社会管理能力提供科学基础。

第二节　加大技术研发力度

能源领域。重点推进先进太阳能发电、先进风力发电、先进核能、海洋能、一体化燃料电池、智能电网、先进储能、页岩气煤层气开发、煤炭清洁高效开采利用等技术研发。研发二氧化碳捕集、利用和封存、干热岩科学钻探、人工储流层建造、中低温地热发电、浅层地温能高效利用等技术。

工业领域。重点推进电力、钢铁、建材、有色、化工和石化等高能耗行业重大节能技术与装备研发，开展能源梯级综合利用技术研发。

交通领域。重点推进新能源汽车关键零部件、高效内燃机、大涵道比涡扇发动机、航空动力综合能量管理、高效通用航空器发动机、航空生物燃料、节能船型、轨道交通等方面的技术研发。

建筑领域。重点推进集中供热、管网热量输送、绿色建筑、阻燃和不燃型节能建材、高效节能门窗、清洁炉灶、绿色照明、高效节能空调以及污水、污泥、生活垃圾和建筑垃圾无害化处置和资源化利用等技术研发。

农业和林业领域。重点推进农业生产过程减排、高产抗逆作物育种和栽培、森林经营、湿地保护与恢复、荒漠化治理等技术研发。发展生态功能恢复关键技术与珍稀濒危物种保护技术。加强农(林)业气候变化相关方法学研究。

专栏4　重点发展的低碳技术

1. 高参数超超临界关键技术；
2. 整体煤气化联合循环技术；
3. 非常规天然气资源的勘探与开发技术；
4. 先进太阳能、风能发电及大规模可再生能源储能和并网技术；
5. 新能源汽车技术及低碳替代燃料技术；
6. 被动式绿色低碳建筑技术；
7. 高效节能工艺及余能余热规模利用技术；
8. 城市能源供应侧和需求侧节能减碳技术；
9. 农林牧业及湿地固碳增汇技术；
10. 碳捕集、利用和封存技术。

专栏5　重点发展的适应气候变化技术

1. 极端天气气候事件预测预警技术；
2. 非传统水资源开发利用技术；
3. 植物抗旱耐高温品种选育与病虫害防治技术；
4. 典型气候敏感生态系统的保护与恢复技术；
5. 气候变化影响与风险评估技术；
6. 应对极端天气气候事件的城市生命线工程安全保障技术；
7. 人工影响天气技术；
8. 媒介传播疾病防控技术；
9. 生物多样性保育与资源利用技术。

第三节　加快推广应用

加强技术示范应用。编制重点节能低碳技术推广目录，实施一批低碳技术示范项目。加快推进低碳技术产业化、低碳产业规模化发展，在钢铁、有色、石化、电力、煤炭、建材、轻工、装备、建筑、交通等领域组织开展低碳技术创新和产业化示范工程。对减排效果好、应用前景广阔的关键产品或核心部件组织规模化生产，提高研发、制造、系统集成和产业化能力。在农业、林业、水资源等重点领域，加强适应气候变化关键技术的示范应用。

健全相关支撑机制。形成低碳技术遴选、示范和推广的动态管理机制。加快建立政产学研用有效结合机制，引导企业、高校、科研院所等根据自身优势建立低碳技术创新联盟，形成技术研发、示范应用和产业化联动机制。强化技术产业化环境建设，增强大学科技园、企业孵化器、产业化基地、高新区等对技术产业化的支持力度。推动技术转移体系的完善和发展。

专栏6　重点推广的应对气候变化技术

低碳技术：

1. 能源领域：高效超超临界燃煤发电技术、高效燃气蒸汽联合循环发电技术、热电联产、分布式能源技术、大规模风力并网发电技术、太阳能光伏并网发电技术、先进核能技术、大容量长距离输电技术、智能微电网技术、高效变压器、煤电热一体化（多联产）技术、煤层气（煤矿瓦斯）规模开发和利用技术等。
2. 工业领域：高温高压干熄焦技术、转炉负能炼钢技术、新型结构铝电解槽技术、大型煤气化炉成套技术、余热余压综合利用技术、矿物节能粉磨技术等。
3. 交通领域：高效内燃机、混合动力汽车、纯电动汽车、替代燃料汽车、智能交通技术等。
4. 建筑领域：阻燃型节能建材、超低能耗建筑、可再生能源一体化建筑等。

5. 通用技术：高效热泵技术、高效电机、高效供热技术、高效供冷技术、绿色照明技术、高效换热技术、节能控制技术、先进材料技术等。

适应技术：

旱作节水农艺栽培技术、抗霜冻害小麦品种选育技术、小麦冬季旱冻减灾技术、农作物田间自动观测技术、草地畜牧业适应气候变化综合技术、林火和林业有害生物防控技术、高温热浪预警防范技术、虫媒传播疾病防控技术等。

第九章　加强能力建设

第一节　健全温室气体统计核算体系

建立健全温室气体排放基础统计制度。 将温室气体排放基础统计指标纳入政府统计指标体系，建立健全涵盖能源活动、工业生产过程、农业、土地利用变化与林业、废弃物处理等领域、适应温室气体排放核算要求的基础统计体系。根据温室气体排放统计需要，扩大能源统计调查范围，细化能源统计品种和指标分类。重点排放单位要健全能源消费和温室气体排放原始记录和统计台账。实行重点企事业单位温室气体排放数据报告制度。完善温室气体排放计量体系，加强排放因子测算和数据质量监测，确保数据真实准确。

加强温室气体排放核算工作。 完善地方温室气体清单编制指南，规范清单编制方法和数据来源。制定重点行业和重点企业温室气体排放核算指南。建立健全温室气体排放数据信息系统。定期编制国家和省级温室气体清单。加强对温室气体排放核算工作的指导，做好年度核算工作。构建国家、地方、企业三级温室气体排放基础统计和核算工作体系。建立地方和企业温室气体排放核算系统。

第二节　加强队伍建设

健全工作协调机制和机构。 健全国家应对气候变化组织机构，在国家应对气候变化领导小组统一领导下，强化归口管理，充分发挥国家气候变化领导小组协调联络办公室职能，加强各部门应对气候变化机构和能力建设，完善工作机制。发挥气候变化专家咨询机构作用。

加强学科和研究基地建设。 加强应对气候变化学科建设，提倡自然科学与社会科学的学科交叉与结合，逐步建立应对气候变化学科体系。加强应对气候变化基础研究、技术研发及战略政策研究基地建设，健全长期研究支撑机制。加强财政资金支持的气候变化科研项目的统筹协调。

健全相关支撑和服务机构。 发挥行业协会和专业服务机构在应对气候变化工作中的作用，加强社会中介组织的功能建设，大力发展市场中介组织，鼓励低碳资质管理和培训机构、金融、检测、评级、核查、技术成果转化等专业服务机构发展。规范中介服务市场秩序。

强化人才培养和队伍建设。 建立和完善应对气候变化人才培养激励机制。鼓励我国科学家和研究人员参与国际研究计划。加强统计核算、新闻宣传、战略与政策专家队伍建设，逐步建立一支人员稳定、结构合理、具备专业知识、开阔视野、实践经验和奉献精神的国际谈判队伍。编制低碳人才体系建设方案，建立规范化、制度化的低碳人才培养、技能认定机制。

第三节　加强教育培训和舆论引导

加强教育培训。将应对气候变化教育纳入国民教育体系，推动应对气候变化知识进学校、进课堂，普及应对气候变化科学知识。加强应对气候变化培训工作，提高政府官员、企业管理人员、媒体从业人员及相关专业人员应对气候变化意识和工作能力。开展应对气候变化职业培训，将低碳职业培训纳入国家职业培训体系。

营造良好氛围。大力宣传低碳发展和应对气候变化先进典型及成功经验。积极发挥社会组织作用，促进公众和社会各界参与应对气候变化行动。建立鼓励公众参与应对气候变化的激励机制，拓展公众参与渠道，创新参与形式。做好"全国低碳日"等宣传活动。完善应对气候变化信息发布渠道和制度，增强有关决策透明度。充分发挥媒体监督作用。发挥新型媒体在气候变化宣传中的作用。

加强外宣工作。将应对气候变化纳入国家对外宣传重大活动计划，制定工作方案，有针对性地编制外宣材料，以国际化的传播理念和方式，大力开展应对气候变化对外宣传，营造良好的国际舆论环境。

第十章　深化国际交流与合作

第一节　推动建立公平合理的国际气候制度

坚持联合国气候变化框架公约原则和基本制度。坚持共同但有区别的责任原则、公平原则、各自能力原则，推动《联合国气候变化框架公约》及其《京都议定书》的全面、有效和持续实施，积极建设性参与全球 2020 年后应对气候变化强化行动目标的谈判，与国际社会共同努力，建立公平合理的全球应对气候变化制度。

积极建设性参与国际气候谈判多边进程。坚持和维护联合国气候变化谈判的主渠道地位，积极参与气候变化相关多边进程，发挥负责任大国作用。加强发展中国家整体团结协调，维护发展中国家共同利益。加强与发达国家气候变化对话与交流，增进相互理解。反对以应对气候变化为名设置贸易壁垒。

承担与发展阶段、应负责任和实际能力相称的国际义务。落实我国 2020 年控制温室气体排放行动目标，在可持续发展的框架下积极应对气候变化。认真履行《联合国气候变化框架公约》和《京都议定书》，承担与我国发展阶段、应负责任和实际能力相称的国际义务，为保护全球气候做出积极贡献。

第二节　加强与国际组织、发达国家合作

加强与国际组织合作。深化与联合国相关机构、政府间组织、国际行业组织及世行、亚行、全球环境基金等多边机构的合作，建立长期性、机制性的气候变化合作关系。积极

参与公约下绿色气候基金、适应气候变化委员会、技术执行委员会、气候技术中心和网络等机构建设及业务运营，引进国际资金和先进气候友好技术。

推动与发达国家合作。积极借鉴和引进发达国家先进气候友好技术和成功经验，加强重点领域和行业对外合作。与主要发达国家建立双边合作机制，加强气候变化战略政策对话和交流，开展务实合作。鼓励和引导国内外企业参与双边合作项目。

建立多领域、多层面的国际合作网络。引导地方、企业、科研机构、行业协会等参与应对气候变化国际合作，强化国际合作平台建设。促进企业和地方参与国际技术合作和经验交流，开展应对气候变化国内外省州合作，组织开展国际交流与培训。以务实行动倡议推动国际应对气候变化进程。继续参与清洁发展机制项目合作。

第三节　大力开展南南合作

加强南南合作机制建设。拓展合作机制，积极推动与发展中国家的交流合作。创新南南合作多边合作模式，与有关国际机构探讨建立"南南合作基金"，扩大应对气候变化南南合作资金规模，有效提高南南合作工作效果。鼓励地方政府、国内企业和非政府组织利用自身技术和资金优势参与气候变化南南合作，积极推动我国低碳技术、适应技术及产品"走出去"，实现互利共赢。

支持发展中国家能力建设。结合发展中国家需求，拓展物资赠送种类，增强对有关发展中国家应对气候变化实物支持力度。支持发展中国家节能、可再生能源应用、增加碳汇及适应气候变化能力建设。强化气候变化和绿色低碳发展培训交流，拓展培训领域，创新培训形式，帮助有关国家培训气候变化领域各类人才。重点加强与最不发达国家、小岛屿国家、非洲国家等发展中国家的合作，逐步拓展务实合作方式和领域。

第十一章　组织实施

第一节　加强组织领导

明确实施责任。按照权责明确、分工协作的原则，明确各项任务责任主体。有关部门要加强对规划实施的指导，并为规划有效实施创造条件。充分发挥企业、社会团体、公众等在规划实施中的作用。

加强跟踪评估。建立科学合理的评估机制，完善规划实施评估指标体系，制定监测评估办法，做好规划实施评估，根据评估结果调整工作力度，促进规划任务和目标顺利实现，并视情况对规划进行调整修订。

第二节　强化统筹协调

做好规划衔接。加强省级应对气候变化专项规划与本规划的衔接。做好本规划与有关部门相关领域专项规划之间的衔接，确保各相关规划目标一致、各有侧重、协调互补。

加强部门协作。国务院各有关部门要按照职责分工，加强协作，建立信息共享机制，共同推动规划各项任务落实。

强化政策协调。深化相关领域改革，加强财税、金融、价格、土地、产业等政策协调配合，研究分领域、分阶段相应支持政策，形成整体合力，加大政策支持力度。

落实资金保障。完善多元化资金投入机制，充分发挥财政资金、企业资金、民间资本、外资等多种资金渠道的作用，确保规划重点目标任务和重点工程建设的资金投入。

第三节　建立评价考核机制

分解目标任务。对本规划确定的目标、指标和任务要分解落实到具体的地区、部门，纳入到各地区、各部门经济社会发展综合评价和绩效考核体系，保证规划实施的系统性、连续性和针对性。

健全考核机制。制定规划目标任务完成情况评价考核办法，建立有效的指标体系和科学、合理的评价考核机制。按照责任落实、措施落实、工作落实的总体要求，对各省（自治区、直辖市）人民政府完成碳强度下降等约束性指标情况、有关任务与措施落实情况、基础工作与能力建设落实情况、气候变化试点示范进展情况实行年度考核。综合评价考核的结果要向社会公开，接受舆论监督。

强化问责制度。建立完善应对气候变化工作问责机制，将应对气候变化工作目标任务完成情况作为各级政府政绩考核的重要内容。加强专项督查工作，研究建立应对气候变化工作奖惩制度，推动规划各项目标任务的实现。

强化应对气候变化行动
——中国国家自主贡献

气候变化是当今人类社会面临的共同挑战。工业革命以来的人类活动，特别是发达国家大量消费化石能源所产生的二氧化碳累积排放，导致大气中温室气体浓度显著增加，加剧了以变暖为主要特征的全球气候变化。气候变化对全球自然生态系统产生显著影响，温度升高、海平面上升、极端气候事件频发给人类生存和发展带来严峻挑战。

气候变化作为全球性问题，需要国际社会携手应对。多年来，各缔约方在《联合国气候变化框架公约》（以下简称公约）实施进程中，按照共同但有区别的责任原则、公平原则、各自能力原则，不断强化合作行动，取得了积极进展。为进一步加强公约的全面、有效和持续实施，各方正在就 2020 年后的强化行动加紧谈判磋商，以期于 2015 年年底在联合国气候变化巴黎会议上达成协议，开辟全球绿色低碳发展新前景，推动世界可持续发展。

中国是拥有 13 亿多人口的发展中国家，是遭受气候变化不利影响最为严重的国家之一。中国正处在工业化、城镇化快速发展阶段，面临着发展经济、消除贫困、改善民生、保护环境、应对气候变化等多重挑战。积极应对气候变化，努力控制温室气体排放，提高适应气候变化的能力，不仅是中国保障经济安全、能源安全、生态安全、粮食安全以及人民生命财产安全，实现可持续发展的内在要求，也是深度参与全球治理、打造人类命运共同体、推动全人类共同发展的责任担当。

根据公约缔约方会议相关决定，在此提出中国应对气候变化的强化行动和措施，作为中国为实现公约第二条所确定目标做出的、反映中国应对气候变化最大努力的国家自主贡献，同时提出中国对 2015 年协议谈判的意见，以推动巴黎会议取得圆满成功。

一、中国强化应对气候变化行动目标

长期以来，中国高度重视气候变化问题，把积极应对气候变化作为国家经济社会发展的重大战略，把绿色低碳发展作为生态文明建设的重要内容，采取了一系列行动，为应对全球气候变化作出了重要贡献。2009 年向国际社会宣布：到 2020 年单位国内生产总值二氧化碳排放比 2005 年下降 40%~45%，非化石能源占一次能源消费比重达到 15% 左右，森林面积比 2005 年增加 4000 万公顷，森林蓄积量比 2005 年增加 13 亿立方米。积极实施《中国应对气候变化国家方案》、《"十二五"控制温室气体排放工作方案》、《"十二五"节能减排综合性工作方案》、《节能减排"十二五"规划》、《2014—2015 年节能减排低碳发展行动方案》和《国家应对气候变化规划（2014—2020 年）》。加快推进产业结构和能源结构调整，大力开展节能减碳和生态建设，在 7 个省（直辖市）开展碳排放权交易试点，在 42 个

注：《强化应对气候变化行动——中国国家自主贡献》于 2015 年 6 月 30 日发布。

省(直辖市)开展低碳试点,探索符合中国国情的低碳发展新模式。2014 年,中国单位国内生产总值二氧化碳排放比 2005 年下降 33.8%,非化石能源占一次能源消费比重达到 11.2%,森林面积比 2005 年增加 2160 万公顷,森林蓄积量比 2005 年增加 21.88 亿立方米,水电装机达到 3 亿千瓦(是 2005 年的 2.57 倍),并网风电装机达到 9581 万千瓦(是 2005 年的 90 倍),光伏装机达到 2805 万千瓦(是 2005 年的 400 倍),核电装机达到 1988 万千瓦(是 2005 年的 2.9 倍)。加快实施《国家适应气候变化战略》,着力提升应对极端气候事件能力,重点领域适应气候变化取得积极进展。应对气候变化能力建设进一步加强,实施《中国应对气候变化科技专项行动》,科技支撑能力得到增强。

面向未来,中国已经提出了到 2020 年全面建成小康社会,到本世纪中叶建成富强民主文明和谐的社会主义现代化国家的奋斗目标;明确了转变经济发展方式、建设生态文明、走绿色低碳循环发展的政策导向,努力协同推进新型工业化、城镇化、信息化、农业现代化和绿色化。中国将坚持节约资源和保护环境基本国策,坚持减缓与适应气候变化并重,坚持科技创新、管理创新和体制机制创新,加快能源生产和消费革命,不断调整经济结构、优化能源结构、提高能源效率、增加森林碳汇,有效控制温室气体排放,努力走一条符合中国国情的经济发展、社会进步与应对气候变化多赢的可持续发展之路。

根据自身国情、发展阶段、可持续发展战略和国际责任担当,中国确定了到 2030 年的自主行动目标:二氧化碳排放 2030 年左右达到峰值并争取尽早达峰;单位国内生产总值二氧化碳排放比 2005 年下降 60%~65%,非化石能源占一次能源消费比重达到 20% 左右,森林蓄积量比 2005 年增加 45 亿立方米左右。中国还将继续主动适应气候变化,在农业、林业、水资源等重点领域和城市、沿海、生态脆弱地区形成有效抵御气候变化风险的机制和能力,逐步完善预测预警和防灾减灾体系。

二、中国强化应对气候变化行动政策和措施

千里之行,始于足下。为实现到 2030 年的应对气候变化自主行动目标,需要在已采取行动的基础上,持续不断地做出努力,在体制机制、生产方式、消费模式、经济政策、科技创新、国际合作等方面进一步采取强化政策和措施。

(一)实施积极应对气候变化国家战略。加强应对气候变化法制建设。将应对气候变化行动目标纳入国民经济和社会发展规划,研究制定长期低碳发展战略和路线图。落实《国家应对气候变化规划(2014—2020 年)》和省级专项规划。完善应对气候变化工作格局,发挥碳排放指标的引导作用,分解落实应对气候变化目标任务,健全应对气候变化和低碳发展目标责任评价考核制度。

(二)完善应对气候变化区域战略。实施分类指导的应对气候变化区域政策,针对不同主体功能区确定差别化的减缓和适应气候变化目标、任务和实现途径。优化开发的城市化地区要严格控制温室气体排放;重点开发的城市化地区要加强碳排放强度控制,老工业基地和资源型城市要加快绿色低碳转型;农产品主产区要加强开发强度管制,限制进行大规模工业化、城镇化开发,加强中小城镇规划建设,鼓励人口适度集中,积极推进农业适度规模化、产业化发展;重点生态功能区要划定生态红线,制定严格的产业发展目录,限制

新上高碳项目，对不符合主体功能定位的产业实行退出机制，因地制宜发展低碳特色产业。

（三）构建低碳能源体系。控制煤炭消费总量，加强煤炭清洁利用，提高煤炭集中高效发电比例，新建燃煤发电机组平均供电煤耗要降至每千瓦时 300 克标准煤左右。扩大天然气利用规模，到 2020 年天然气占一次能源消费比重达到 10% 以上，煤层气产量力争达到 300 亿立方米。在做好生态环境保护和移民安置的前提下积极推进水电开发，安全高效发展核电，大力发展风电，加快发展太阳能发电，积极发展地热能、生物质能和海洋能。到 2020 年，风电装机达到 2 亿千瓦，光伏装机达到 1 亿千瓦左右，地热能利用规模达到 5000 万吨标准煤。加强放空天然气和油田伴生气回收利用。大力发展分布式能源，加强智能电网建设。

（四）形成节能低碳的产业体系。坚持走新型工业化道路，大力发展循环经济，优化产业结构，修订产业结构调整指导目录，严控高耗能、高排放行业扩张，加快淘汰落后产能，大力发展服务业和战略性新兴产业。到 2020 年，力争使战略性新兴产业增加值占国内生产总值比重达到 15%。推进工业低碳发展，实施《工业领域应对气候变化行动方案（2012—2020 年）》，制定重点行业碳排放控制目标和行动方案，研究制定重点行业温室气体排放标准。通过节能提高能效，有效控制电力、钢铁、有色、建材、化工等重点行业排放，加强新建项目碳排放管理，积极控制工业生产过程温室气体排放。构建循环型工业体系，推动产业园区循环化改造。加大再生资源回收利用，提高资源产出率。逐渐减少二氟一氯甲烷受控用途的生产和使用，到 2020 年在基准线水平（2010 年产量）上产量减少 35%、2025 年减少 67.5%，三氟甲烷排放到 2020 年得到有效控制。推进农业低碳发展，到 2020 年努力实现化肥农药使用量零增长；控制稻田甲烷和农田氧化亚氮排放，构建循环型农业体系，推动秸秆综合利用、农林废弃物资源化利用和畜禽粪便综合利用。推进服务业低碳发展，积极发展低碳商业、低碳旅游、低碳餐饮，大力推动服务业节能降碳。

（五）控制建筑和交通领域排放。坚持走新型城镇化道路，优化城镇体系和城市空间布局，将低碳发展理念贯穿城市规划、建设、管理全过程，倡导产城融合的城市形态。强化城市低碳化建设，提高建筑能效水平和建筑工程质量，延长建筑物使用寿命，加大既有建筑节能改造力度，建设节能低碳的城市基础设施。促进建筑垃圾资源循环利用，强化垃圾填埋场甲烷收集利用。加快城乡低碳社区建设，推广绿色建筑和可再生能源建筑应用，完善社区配套低碳生活设施，探索社区低碳化运营管理模式。到 2020 年，城镇新建建筑中绿色建筑占比达到 50%。构建绿色低碳交通运输体系，优化运输方式，合理配置城市交通资源，优先发展公共交通，鼓励开发使用新能源车船等低碳环保交通运输工具，提升燃油品质，推广新型替代燃料。到 2020 年，大中城市公共交通占机动化出行比例达到 30%。推进城市步行和自行车交通系统建设，倡导绿色出行。加快智慧交通建设，推动绿色货运发展。

（六）努力增加碳汇。大力开展造林绿化，深入开展全民义务植树，继续实施天然林保护、退耕还林还草、京津风沙源治理、防护林体系建设、石漠化综合治理、水土保持等重点生态工程建设，着力加强森林抚育经营，增加森林碳汇。加大森林灾害防控，强化森林资源保护，减少毁林排放。加大湿地保护与恢复，提高湿地储碳功能。继续实施退牧还草，推行草畜平衡，遏制草场退化，恢复草原植被，加强草原灾害防治和农田保育，提升土壤储碳能力。

（七）倡导低碳生活方式。加强低碳生活和低碳消费全民教育，倡导绿色低碳、健康文明的生活方式和消费模式，推动全社会形成低碳消费理念。发挥公共机构率先垂范作用，开展节能低碳机关、校园、医院、场馆、军营等创建活动。引导适度消费，鼓励使用节能低碳产品，遏制各种铺张浪费现象。完善废旧商品回收体系和垃圾分类处理体系。

（八）全面提高适应气候变化能力。提高水利、交通、能源等基础设施在气候变化条件下的安全运营能力。合理开发和优化配置水资源，实行最严格的水资源管理制度，全面建设节水型社会。加强中水、淡化海水、雨洪等非传统水源开发利用。完善农田水利设施配套建设，大力发展节水灌溉农业，培育耐高温和耐旱作物品种。加强海洋灾害防护能力建设和海岸带综合管理，提高沿海地区抵御气候灾害能力。开展气候变化对生物多样性影响的跟踪监测与评估。加强林业基础设施建设。合理布局城市功能区，统筹安排基础设施建设，有效保障城市运行的生命线系统安全。研究制定气候变化影响人群健康应急预案，提升公共卫生领域适应气候变化的服务水平。加强气候变化综合评估和风险管理，完善国家气候变化监测预警信息发布体系。在生产力布局、基础设施、重大项目规划设计和建设中，充分考虑气候变化因素。健全极端天气气候事件应急响应机制。加强防灾减灾应急管理体系建设。

（九）创新低碳发展模式。深化低碳省区、低碳城市试点，开展低碳城（镇）试点和低碳产业园区、低碳社区、低碳商业、低碳交通试点，探索各具特色的低碳发展模式，研究在不同类型区域和城市控制碳排放的有效途径。促进形成空间布局合理、资源集约利用、生产低碳高效、生活绿色宜居的低碳城市。研究建立碳排放认证制度和低碳荣誉制度，选择典型产品进行低碳产品认证试点并推广。

（十）强化科技支撑。提高应对气候变化基础科学研究水平，开展气候变化监测预测研究，加强气候变化影响、风险机理与评估方法研究。加强对节能降耗、可再生能源和先进核能、碳捕集利用和封存等低碳技术的研发和产业化示范，推广利用二氧化碳驱油、驱煤层气技术。研发极端天气预报预警技术，开发生物固氮、病虫害绿色防控、设施农业技术，加强综合节水、海水淡化等技术研发。健全应对气候变化科技支撑体系，建立政产学研有效结合机制，加强应对气候变化专业人才培养。

（十一）加大资金和政策支持。进一步加大财政资金投入力度，积极创新财政资金使用方式，探索政府和社会资本合作等低碳投融资新机制。落实促进新能源发展的税收优惠政策，完善太阳能发电、风电、水电等定价、上网和采购机制。完善包括低碳节能在内的政府绿色采购政策体系。深化能源、资源性产品价格和税费改革。完善绿色信贷机制，鼓励和指导金融机构积极开展能效信贷业务，发行绿色信贷资产证券化产品。健全气候变化灾害保险政策。

（十二）推进碳排放权交易市场建设。充分发挥市场在资源配置中的决定性作用，在碳排放权交易试点基础上，稳步推进全国碳排放权交易体系建设，逐步建立碳排放权交易制度。研究建立碳排放报告核查核证制度，完善碳排放权交易规则，维护碳排放交易市场的公开、公平、公正。

（十三）健全温室气体排放统计核算体系。进一步加强应对气候变化统计工作，健全涵盖能源活动、工业生产过程、农业、土地利用变化与林业、废弃物处理等领域的温室气体排放统计制度，完善应对气候变化统计指标体系，加强统计人员培训，不断提高数据质量。加强温室气体排放清单的核算工作，定期编制国家和省级温室气体排放清单，建立重点企业温室气体排放报告制度，制定重点行业企业温室气体排放核算标准。积极开展相关能力建设，构建国家、地方、企业温室气体排放基础统计和核算工作体系。

（十四）完善社会参与机制。强化企业低碳发展责任，鼓励企业探索资源节约、环境友好的低碳发展模式。强化低碳发展社会监督和公众参与，继续利用"全国低碳日"等平台提高全社会低碳发展意识，鼓励公众应对气候变化的自觉行动。发挥媒体监督和导向作用，加强教育培训，充分发挥学校、社区以及民间组织的作用。

（十五）积极推进国际合作。作为负责任的发展中国家，中国将从全人类的共同利益出发，积极开展国际合作，推进形成公平合理、合作共赢的全球气候治理体系，与国际社会共同促进全球绿色低碳转型与发展路径创新。坚持共同但有区别的责任原则、公平原则、各自能力原则，推动发达国家切实履行大幅度率先减排并向发展中国家提供资金、技术和能力建设支持的公约义务，为发展中国家争取可持续发展的公平机会，争取更多的资金、技术和能力建设支持，促进南北合作。同时，中国将主动承担与自身国情、发展阶段和实际能力相符的国际义务，采取不断强化的减缓和适应行动，并进一步加大气候变化南南合作力度，建立应对气候变化南南合作基金，为小岛屿发展中国家、最不发达国家和非洲国家等发展中国家应对气候变化提供力所能及的帮助和支持，推进发展中国家互学互鉴、互帮互助、互利共赢。广泛开展应对气候变化国际对话与交流，加强相关领域政策协调与务实合作，分享有益经验和做法，推广气候友好技术，与各方一道共同建设人类美好家园。

三、中国关于 2015 年协议谈判的意见

中国致力于不断加强公约全面、有效和持续实施，与各方一道携手努力推动巴黎会议达成一个全面、平衡、有力度的协议。为此，对 2015 年协议谈判进程和结果提出如下意见：

（一）总体意见。2015 年协议谈判在公约下进行，以公约原则为指导，旨在进一步加强公约的全面、有效和持续实施，以实现公约的目标。谈判的结果应遵循共同但有区别的责任原则、公平原则、各自能力原则，充分考虑发达国家和发展中国家间不同的历史责任、国情、发展阶段和能力，全面平衡体现减缓、适应、资金、技术开发和转让、能力建设、行动和支持的透明度各个要素。谈判进程应遵循公开透明、广泛参与、缔约方驱动、协商一致的原则。

（二）减缓。2015 年协议应明确各缔约方按照公约要求，制定和实施 2020—2030 年减少或控制温室气体排放的计划和措施，推动减缓领域的国际合作。发达国家根据其历史责任，承诺到 2030 年有力度的全经济范围绝对量减排目标。发展中国家在可持续发展框架

下，在发达国家资金、技术和能力建设支持下，采取多样化的强化减缓行动。

（三）适应。2015 年协议应明确各缔约方按照公约要求，加强适应领域的国际合作，加强区域和国家层面适应计划和项目的实施。发达国家应为发展中国家制定和实施国家适应计划、开展相关项目提供支持。发展中国家通过国家适应计划识别需求和障碍，加强行动。建立关于适应气候变化的公约附属机构。加强适应与资金、技术和能力建设的联系。强化华沙损失和损害国际机制。

（四）资金。2015 年协议应明确发达国家按照公约要求，为发展中国家的强化行动提供新的、额外的、充足的、可预测和持续的资金支持。明确发达国家 2020—2030 年提供资金支持的量化目标和实施路线图，提供资金的规模应在 2020 年开始每年 1000 亿美元的基础上逐年扩大，所提供资金应主要来源于公共资金。强化绿色气候基金作为公约资金机制主要运营实体的地位，在公约缔约方会议授权和指导下开展工作，对公约缔约方会议负责。

（五）技术开发与转让。2015 年协议应明确发达国家按照公约要求，根据发展中国家技术需求，切实向发展中国家转让技术，为发展中国家技术研发应用提供支持。加强现有技术机制在妥善处理知识产权问题、评估技术转让绩效等方面的职能，增强技术机制与资金机制的联系，包括在绿色气候基金下设立支持技术开发与转让的窗口。

（六）能力建设。2015 年协议应明确发达国家按照公约要求，为发展中国家各领域能力建设提供支持。建立专门关于能力建设的国际机制，制定并实施能力建设活动方案，加强发展中国家减缓和适应气候变化能力建设。

（七）行动和支持的透明度。2015 年协议应明确各缔约方按照公约要求和有关缔约方会议决定，增加各方强化行动的透明度。发达国家根据公约要求及京都议定书相关规则，通过现有的报告和审评体系，增加其减排行动的透明度，明确增强发达国家提供资金、技术和能力建设支持透明度及相关审评的规则。发展中国家在发达国家资金、技术和能力建设支持下，通过现有的透明度安排，以非侵入性、非惩罚性、尊重国家主权的方式，增加其强化行动透明度。

（八）法律形式。2015 年协议应是一项具有法律约束力的公约实施协议，可以采用核心协议加缔约方会议决定的形式，减缓、适应、资金、技术开发和转让、能力建设、行动和支持的透明度等要素应在核心协议中平衡体现，相关技术细节和程序规则可由缔约方会议决定加以明确。发达国家和发展中国家的国家自主贡献可在巴黎会议成果中以适当形式分别列出。

"十三五"控制温室气体排放工作方案

为加快推进绿色低碳发展，确保完成"十三五"规划纲要确定的低碳发展目标任务，推动我国二氧化碳排放 2030 年左右达到峰值并争取尽早达峰，特制订本工作方案。

一、总体要求

（一）指导思想。全面贯彻党的十八大和十八届三中、四中、五中、六中全会精神，紧紧围绕统筹推进"五位一体"总体布局和协调推进"四个全面"战略布局，牢固树立创新、协调、绿色、开放、共享的发展理念，按照党中央、国务院决策部署，统筹国内国际两个大局，顺应绿色低碳发展国际潮流，把低碳发展作为我国经济社会发展的重大战略和生态文明建设的重要途径，采取积极措施，有效控制温室气体排放。加快科技创新和制度创新，健全激励和约束机制，发挥市场配置资源的决定性作用和更好发挥政府作用，加强碳排放和大气污染物排放协同控制，强化低碳引领，推动能源革命和产业革命，推动供给侧结构性改革和消费端转型，推动区域协调发展，深度参与全球气候治理，为促进我国经济社会可持续发展和维护全球生态安全作出新贡献。

（二）主要目标。到 2020 年，单位国内生产总值二氧化碳排放比 2015 年下降 18%，碳排放总量得到有效控制。氢氟碳化物、甲烷、氧化亚氮、全氟化碳、六氟化硫等非二氧化碳温室气体控排力度进一步加大。碳汇能力显著增强。支持优化开发区域碳排放率先达到峰值，力争部分重化工业 2020 年左右实现率先达峰，能源体系、产业体系和消费领域低碳转型取得积极成效。全国碳排放权交易市场启动运行，应对气候变化法律法规和标准体系初步建立，统计核算、评价考核和责任追究制度得到健全，低碳试点示范不断深化，减污减碳协同作用进一步加强，公众低碳意识明显提升。

二、低碳引领能源革命

（一）加强能源碳排放指标控制。实施能源消费总量和强度双控，基本形成以低碳能源满足新增能源需求的能源发展格局。到 2020 年，能源消费总量控制在 50 亿吨标准煤以内，单位国内生产总值能源消费比 2015 年下降 15%，非化石能源比重达到 15%。大型发电集团单位供电二氧化碳排放控制在 550 克二氧化碳/千瓦时以内。

（二）大力推进能源节约。坚持节约优先的能源战略，合理引导能源需求，提升能源利用效率。严格实施节能评估审查，强化节能监察。推动工业、建筑、交通、公共机构等重点领域节能降耗。实施全民节能行动计划，组织开展重点节能工程。健全节能标准体系，加强能源计量监管和服务，实施能效领跑者引领行动。推行合同能源管理，推动节能服务产业健康发展。

注：《"十三五"控制温室气体排放工作方案》于 2016 年 10 月国务院（国发〔2016〕61 号）印发。

（三）加快发展非化石能源。积极有序推进水电开发，安全高效发展核电，稳步发展风电，加快发展太阳能发电，积极发展地热能、生物质能和海洋能。到 2020 年，力争常规水电装机达到 3.4 亿千瓦，风电装机达到 2 亿千瓦，光伏装机达到 1 亿千瓦，核电装机达到 5800 万千瓦，在建容量达到 3000 万千瓦以上。加强智慧能源体系建设，推行节能低碳电力调度，提升非化石能源电力消纳能力。

（四）优化利用化石能源。控制煤炭消费总量，2020 年控制在 42 亿吨左右。推动雾霾严重地区和城市在 2017 年后继续实现煤炭消费负增长。加强煤炭清洁高效利用，大幅削减散煤利用。加快推进居民采暖用煤替代工作，积极推进工业窑炉、采暖锅炉"煤改气"，大力推进天然气、电力替代交通燃油，积极发展天然气发电和分布式能源。在煤基行业和油气开采行业开展碳捕集、利用和封存的规模化产业示范，控制煤化工等行业碳排放。积极开发利用天然气、煤层气、页岩气，加强放空天然气和油田伴生气回收利用，到 2020 年天然气占能源消费总量比重提高到 10% 左右。

三、打造低碳产业体系

（一）加快产业结构调整。将低碳发展作为新常态下经济提质增效的重要动力，推动产业结构转型升级。依法依规有序淘汰落后产能和过剩产能。运用高新技术和先进适用技术改造传统产业，延伸产业链、提高附加值，提升企业低碳竞争力。转变出口模式，严格控制"两高一资"产品出口，着力优化出口结构。加快发展绿色低碳产业，打造绿色低碳供应链。积极发展战略性新兴产业，大力发展服务业，2020 年战略性新兴产业增加值占国内生产总值的比重力争达到 15%，服务业增加值占国内生产总值的比重达到 56%。

（二）控制工业领域排放。2020 年单位工业增加值二氧化碳排放量比 2015 年下降 22%，工业领域二氧化碳排放总量趋于稳定，钢铁、建材等重点行业二氧化碳排放总量得到有效控制。积极推广低碳新工艺、新技术，加强企业能源和碳排放管理体系建设，强化企业碳排放管理，主要高耗能产品单位产品碳排放达到国际先进水平。实施低碳标杆引领计划，推动重点行业企业开展碳排放对标活动。积极控制工业过程温室气体排放，制定实施控制氢氟碳化物排放行动方案，有效控制三氟甲烷，基本实现达标排放，"十三五"期间累计减排二氧化碳当量 11 亿吨以上，逐步减少二氟一氯甲烷受控用途的生产和使用，到 2020 年在基准线水平（2010 年产量）上产量减少 35%。推进工业领域碳捕集、利用和封存试点示范，并做好环境风险评价。

（三）大力发展低碳农业。坚持减缓与适应协同，降低农业领域温室气体排放。实施化肥使用量零增长行动，推广测土配方施肥，减少农田氧化亚氮排放，到 2020 年实现农田氧化亚氮排放达到峰值。控制农田甲烷排放，选育高产低排放良种，改善水分和肥料管理。实施耕地质量保护与提升行动，推广秸秆还田，增施有机肥，加强高标准农田建设。因地制宜建设畜禽养殖场大中型沼气工程。控制畜禽温室气体排放，推进标准化规模养殖，推进畜禽废弃物综合利用，到 2020 年规模化养殖场、养殖小区配套建设废弃物处理设施比例达到 75% 以上。开展低碳农业试点示范。

（四）增加生态系统碳汇。加快造林绿化步伐，推进国土绿化行动，继续实施天然林保护、退耕还林还草、三北及长江流域防护林体系建设、京津风沙源治理、石漠化综合治理等重点生态工程；全面加强森林经营，实施森林质量精准提升工程，着力增加森林碳汇。强化森林资源保护和灾害防控，减少森林碳排放。到2020年，森林覆盖率达到23.04%，森林蓄积量达到165亿立方米。加强湿地保护与恢复，稳定并增强湿地固碳能力。推进退牧还草等草原生态保护建设工程，推行禁牧休牧轮牧和草畜平衡制度，加强草原灾害防治，积极增加草原碳汇，到2020年草原综合植被盖度达到56%。探索开展海洋等生态系统碳汇试点。

四、推动城镇化低碳发展

（一）加强城乡低碳化建设和管理。在城乡规划中落实低碳理念和要求，优化城市功能和空间布局，科学划定城市开发边界，探索集约、智能、绿色、低碳的新型城镇化模式，开展城市碳排放精细化管理，鼓励编制城市低碳发展规划。提高基础设施和建筑质量，防止大拆大建。推进既有建筑节能改造，强化新建建筑节能，推广绿色建筑，到2020年城镇绿色建筑占新建建筑比重达到50%。强化宾馆、办公楼、商场等商业和公共建筑低碳化运营管理。在农村地区推动建筑节能，引导生活用能方式向清洁低碳转变，建设绿色低碳村镇。因地制宜推广余热利用、高效热泵、可再生能源、分布式能源、绿色建材、绿色照明、屋顶墙体绿化等低碳技术。推广绿色施工和住宅产业化建设模式。积极开展绿色生态城区和零碳排放建筑试点示范。

（二）建设低碳交通运输体系。推进现代综合交通运输体系建设，加快发展铁路、水运等低碳运输方式，推动航空、航海、公路运输低碳发展，发展低碳物流，到2020年，营运货车、营运客车、营运船舶单位运输周转量二氧化碳排放比2015年分别下降8%、2.6%、7%，城市客运单位客运量二氧化碳排放比2015年下降12.5%。完善公交优先的城市交通运输体系，发展城市轨道交通、智能交通和慢行交通，鼓励绿色出行。鼓励使用节能、清洁能源和新能源运输工具，完善配套基础设施建设，到2020年，纯电动汽车和插电式混合动力汽车生产能力达到200万辆、累计产销量超过500万辆。严格实施乘用车燃料消耗量限值标准，提高重型商用车燃料消耗量限值标准，研究新车碳排放标准。深入实施低碳交通示范工程。

（三）加强废弃物资源化利用和低碳化处置。创新城乡社区生活垃圾处理理念，合理布局便捷回收设施，科学配置社区垃圾收集系统，在有条件的社区设立智能型自动回收机，鼓励资源回收利用企业在社区建立分支机构。建设餐厨垃圾等社区化处理设施，提高垃圾社区化处理率。鼓励垃圾分类和生活用品的回收再利用。推进工业垃圾、建筑垃圾、污水处理厂污泥等废弃物无害化处理和资源化利用，在具备条件的地区鼓励发展垃圾焚烧发电等多种处理利用方式，有效减少全社会的物耗和碳排放。开展垃圾填埋场、污水处理厂甲烷收集利用及与常规污染物协同处理工作。

（四）倡导低碳生活方式。树立绿色低碳的价值观和消费观，弘扬以低碳为荣的社会新风尚。积极践行低碳理念，鼓励使用节能低碳节水产品，反对过度包装。提倡低碳餐饮，推行"光盘行动"，遏制食品浪费。倡导低碳居住，推广普及节水器具。倡导"135"绿色低碳出行方式(1 公里以内步行，3 公里以内骑自行车，5 公里左右乘坐公共交通工具)，鼓励购买小排量汽车、节能与新能源汽车。

五、加快区域低碳发展

（一）实施分类指导的碳排放强度控制。综合考虑各省（自治区、直辖市）发展阶段、资源禀赋、战略定位、生态环保等因素，分类确定省级碳排放控制目标。"十三五"期间，北京、天津、河北、上海、江苏、浙江、山东、广东碳排放强度分别下降 20.5%，福建、江西、河南、湖北、重庆、四川分别下降 19.5%，山西、辽宁、吉林、安徽、湖南、贵州、云南、陕西分别下降 18%，内蒙古、黑龙江、广西、甘肃、宁夏分别下降 17%，海南、西藏、青海、新疆分别下降 12%。

（二）推动部分区域率先达峰。支持优化开发区域在 2020 年前实现碳排放率先达峰。鼓励其他区域提出峰值目标，明确达峰路线图，在部分发达省市研究探索开展碳排放总量控制。鼓励"中国达峰先锋城市联盟"城市和其他具备条件的城市加大减排力度，完善政策措施，力争提前完成达峰目标。

（三）创新区域低碳发展试点示范。选择条件成熟的限制开发区域和禁止开发区域、生态功能区、工矿区、城镇等开展近零碳排放区示范工程，到 2020 年建设 50 个示范项目。以碳排放峰值和碳排放总量控制为重点，将国家低碳城市试点扩大到 100 个城市。探索产城融合低碳发展模式，将国家低碳城（镇）试点扩大到 30 个城（镇）。深化国家低碳工业园区试点，将试点扩大到 80 个园区，组织创建 20 个国家低碳产业示范园区。推动开展 1000 个左右低碳社区试点，组织创建 100 个国家低碳示范社区。组织开展低碳商业、低碳旅游、低碳企业试点。以投资政策引导、强化金融支持为重点，推动开展气候投融资试点工作。做好各类试点经验总结和推广，形成一批各具特色的低碳发展模式。

（四）支持贫困地区低碳发展。根据区域主体功能，确立不同地区扶贫开发思路。将低碳发展纳入扶贫开发目标任务体系，制定支持贫困地区低碳发展的差别化扶持政策和评价指标体系，形成适合不同地区的差异化低碳发展模式。分片区制定贫困地区产业政策，加快特色产业发展，避免盲目接收高耗能、高污染产业转移。建立扶贫与低碳发展联动工作机制，推动发达地区与贫困地区开展低碳产业和技术协作。推进"低碳扶贫"，倡导企业与贫困村结对开展低碳扶贫活动。鼓励大力开发贫困地区碳减排项目，推动贫困地区碳减排项目进入国内外碳排放权交易市场。改进扶贫资金使用方式和配置模式。

六、建设和运行全国碳排放权交易市场

（一）建立全国碳排放权交易制度。出台《碳排放权交易管理条例》及有关实施细则，各地区、各部门根据职能分工制定有关配套管理办法，完善碳排放权交易法规体系。建立碳排放权交易市场国家和地方两级管理体制，将有关工作责任落实至地市级人民政府，完善部门协作机制，各地区、各部门和中央企业集团根据职责制定具体工作实施方案，明确责任目标，落实专项资金，建立专职工作队伍，完善工作体系。制定覆盖石化、化工、建材、钢铁、有色、造纸、电力和航空等 8 个工业行业中年能耗 1 万吨标准煤以上企业的碳

排放权总量设定与配额分配方案，实施碳排放配额管控制度。对重点汽车生产企业实行基于新能源汽车生产责任的碳排放配额管理。

（二）启动运行全国碳排放权交易市场。在现有碳排放权交易试点交易机构和温室气体自愿减排交易机构基础上，根据碳排放权交易工作需求统筹确立全国交易机构网络布局，各地区根据国家确定的配额分配方案对本行政区域内重点排放企业开展配额分配。推动区域性碳排放权交易体系向全国碳排放权交易市场顺利过渡，建立碳排放配额市场调节和抵消机制，建立严格的市场风险预警与防控机制，逐步健全交易规则，增加交易品种，探索多元化交易模式，完善企业上线交易条件，2017年启动全国碳排放权交易市场。到2020年力争建成制度完善、交易活跃、监管严格、公开透明的全国碳排放权交易市场，实现稳定、健康、持续发展。

（三）强化全国碳排放权交易基础支撑能力。建设全国碳排放权交易注册登记系统及灾备系统，建立长效、稳定的注册登记系统管理机制。构建国家、地方、企业三级温室气体排放核算、报告与核查工作体系，建设重点企业温室气体排放数据报送系统。整合多方资源培养壮大碳交易专业技术支撑队伍，编制统一培训教材，建立考核评估制度，构建专业咨询服务平台，鼓励有条件的省（自治区、直辖市）建立全国碳排放权交易能力培训中心。组织条件成熟的地区、行业、企业开展碳排放权交易试点示范，推进相关国际合作。持续开展碳排放权交易重大问题跟踪研究。

七、加强低碳科技创新

（一）加强气候变化基础研究。加强应对气候变化基础研究、技术研发和战略政策研究基地建设。深化气候变化的事实、过程、机理研究，加强气候变化影响与风险、减缓与适应的基础研究。加强大数据、云计算等互联网技术与低碳发展融合研究。加强生产消费全过程碳排放计量、核算体系及控排政策研究。开展低碳发展与经济社会、资源环境的耦合效应研究。编制国家应对气候变化科技发展专项规划，评估低碳技术研究进展。编制第四次气候变化国家评估报告。积极参与政府间气候变化专门委员会（IPCC）第六次评估报告相关研究。

（二）加快低碳技术研发与示范。研发能源、工业、建筑、交通、农业、林业、海洋等重点领域经济适用的低碳技术。建立低碳技术孵化器，鼓励利用现有政府投资基金，引导创业投资基金等市场资金，加快推动低碳技术进步。

（三）加大低碳技术推广应用力度。定期更新国家重点节能低碳技术推广目录、节能减排与低碳技术成果转化推广清单。提高核心技术研发、制造、系统集成和产业化能力，对减排效果好、应用前景广阔的关键产品组织规模化生产。加快建立政产学研用有效结合机制，引导企业、高校、科研院所建立低碳技术创新联盟，形成技术研发、示范应用和产业化联动机制。增强大学科技园、企业孵化器、产业化基地、高新区对低碳技术产业化的支持力度。在国家低碳试点和国家可持续发展创新示范区等重点地区，加强低碳技术集中示范应用。

八、强化基础能力支撑

（一）完善应对气候变化法律法规和标准体系。推动制订应对气候变化法，适时修订完善应对气候变化相关政策法规。研究制定重点行业、重点产品温室气体排放核算标准、建筑低碳运行标准、碳捕集利用与封存标准等，完善低碳产品标准、标识和认证制度。加强节能监察，强化能效标准实施，促进能效提升和碳减排。

（二）加强温室气体排放统计与核算。加强应对气候变化统计工作，完善应对气候变化统计指标体系和温室气体排放统计制度，强化能源、工业、农业、林业、废弃物处理等相关统计，加强统计基础工作和能力建设。加强热力、电力、煤炭等重点领域温室气体排放因子计算与监测方法研究，完善重点行业企业温室气体排放核算指南。定期编制国家和省级温室气体排放清单，实行重点企(事)业单位温室气体排放数据报告制度，建立温室气体排放数据信息系统。完善温室气体排放计量和监测体系，推动重点排放单位健全能源消费和温室气体排放台账记录。逐步建立完善省市两级行政区域能源碳排放年度核算方法和报告制度，提高数据质量。

（三）建立温室气体排放信息披露制度。定期公布我国低碳发展目标实现及政策行动进展情况，建立温室气体排放数据信息发布平台，研究建立国家应对气候变化公报制度。推动地方温室气体排放数据信息公开。推动建立企业温室气体排放信息披露制度，鼓励企业主动公开温室气体排放信息，国有企业、上市公司、纳入碳排放权交易市场的企业要率先公布温室气体排放信息和控排行动措施。

（四）完善低碳发展政策体系。加大中央及地方预算内资金对低碳发展的支持力度。出台综合配套政策，完善气候投融资机制，更好发挥中国清洁发展机制基金作用，积极运用政府和社会资本合作(PPP)模式及绿色债券等手段，支持应对气候变化和低碳发展工作。发挥政府引导作用，完善涵盖节能、环保、低碳等要求的政府绿色采购制度，开展低碳机关、低碳校园、低碳医院等创建活动。研究有利于低碳发展的税收政策。加快推进能源价格形成机制改革，规范并逐步取消不利于节能减碳的化石能源补贴。完善区域低碳发展协作联动机制。

（五）加强机构和人才队伍建设。编制应对气候变化能力建设方案，加快培养技术研发、产业管理、国际合作、政策研究等各类专业人才，积极培育第三方服务机构和市场中介组织，发展低碳产业联盟和社会团体，加强气候变化研究后备队伍建设。积极推进应对气候变化基础研究、技术研发等各领域的国际合作，加强人员国际交流，实施高层次人才培养和引进计划。强化应对气候变化教育教学内容，开展"低碳进课堂"活动。加强对各级领导干部、企业管理者等培训，增强政策制定者和企业家的低碳战略决策能力。

九、广泛开展国际合作

（一）深度参与全球气候治理。积极参与落实《巴黎协定》相关谈判，继续参与各种渠道气候变化对话磋商，坚持"共同但有区别的责任"原则、公平原则和各自能力原则，推动《联合国气候变化框架公约》的全面、有效、持续实施，推动建立广泛参与、各尽所能、务实有效、合作共赢的全球气候治理体系，推动落实联合国《2030 年可持续发展议程》，为我国低碳转型提供良好的国际环境。

（二）推动务实合作。加强气候变化领域国际对话交流，深化与各国的合作，广泛开展与国际组织的务实合作。积极参与国际气候和环境资金机构治理，利用相关国际机构优惠资金和先进技术支持国内应对气候变化工作。深入务实推进应对气候变化南南合作，设立并用好中国气候变化南南合作基金，支持发展中国家提高应对气候变化和防灾减灾能力。继续推进清洁能源、防灾减灾、生态保护、气候适应型农业、低碳智慧型城市建设等领域国际合作。结合实施"一带一路"战略、国际产能和装备制造合作，促进低碳项目合作，推动海外投资项目低碳化。

（三）加强履约工作。做好《巴黎协定》国内履约准备工作。按时编制和提交国家信息通报和两年更新报，参与《联合国气候变化框架公约》下的国际磋商和分析进程。加强对国家自主贡献的评估，积极参与 2018 年促进性对话。研究并向联合国通报我国本世纪中叶长期温室气体低排放发展战略。

十、强化保障落实

（一）加强组织领导。发挥好国家应对气候变化领导小组协调联络办公室的统筹协调和监督落实职能。各省（自治区、直辖市）要将大幅度降低二氧化碳排放强度纳入本地区经济社会发展规划、年度计划和政府工作报告，制定具体工作方案，建立完善工作机制，逐步健全控制温室气体排放的监督和管理体制。各有关部门要根据职责分工，按照相关专项规划和工作方案，切实抓好落实。

（二）强化目标责任考核。要加强对省级人民政府控制温室气体排放目标完成情况的评估、考核，建立责任追究制度。各有关部门要建立年度控制温室气体排放工作任务完成情况的跟踪评估机制。考核评估结果向社会公开，接受舆论监督。建立碳排放控制目标预测预警机制，推动各地方、各部门落实低碳发展工作任务。

（三）加大资金投入。各地区、各有关部门要围绕实现"十三五"控制温室气体排放目标，统筹各种资金来源，切实加大资金投入，确保本方案各项任务的落实。

（四）做好宣传引导。加强应对气候变化国内外宣传和科普教育，利用好全国低碳日、联合国气候变化大会等重要节点和新媒体平台，广泛开展丰富多样的宣传活动，提升全民低碳意识。加强应对气候变化传播培训，提升媒体从业人员报道的专业水平。建立应对气候变化公众参与机制，在政策制定、重大项目工程决策等领域，鼓励社会公众广泛参与，营造积极应对气候变化的良好社会氛围。

"十三五"省级人民政府控制
温室气体排放目标责任考核办法

第一条 根据《中华人民共和国国民经济和社会发展第十三个五年规划纲要》《国务院关于印发"十三五"控制温室气体排放工作方案的通知》(国发〔2016〕61号)以及《中共中央办公厅 国务院办公厅关于印发<生态文明建设目标评价考核办法>的通知》(厅字〔2016〕45号)要求,为强化目标责任,确保实现"十三五"单位国内生产总值二氧化碳排放降低目标,在"十二五"单位国内生产总值二氧化碳排放降低目标责任考核工作基础上,制订本办法。

第二条 控制温室气体排放目标责任考核工作按照责任落实、措施落实、工作落实的总体要求,坚持目标导向、客观公正、科学规范、突出重点、注重实效、奖惩并举的原则。

第三条 国务院对各省、自治区、直辖市人民政府控制温室气体排放目标责任进行考核,生态环境部会同控制温室气体排放工作相关部门组成考核工作组,负责具体组织实施。

第四条 考核内容为单位地区生产总值二氧化碳排放降低目标(又称"碳强度控制目标")完成情况和主要任务措施及基础工作落实情况两部分。

第五条 对单位地区生产总值二氧化碳排放降低目标完成情况,主要考核年度目标完成情况和累计进度目标完成情况。

各省、自治区、直辖市人民政府要按照国家下达的本地区碳强度控制目标,制定具体工作方案,合理确定年度目标,并将年度目标纳入本地区年度计划和政府工作报告,同时,在当年4月底前将年度目标报送生态环境部备案。

第六条 主要任务措施以及基础工作落实情况考核能源节约与结构优化、低碳产业体系建设、城镇化低碳发展、区域低碳发展、碳市场建设和运行、低碳科技创新、基础能力支撑、国际合作以及相关保障措施等任务完成和工作进展情况。

第七条 考核工作与"十三五"规划的执行相对应,采取年度考核和期末考核相结合的方式进行。2018—2020年,每年7月底前完成上年度考核。在2021年6月底前完成"十三五"期末考核。

第八条 考核采用百分制,满分100分,考核结果划分为超额完成、完成、基本完成和未完成四个等级。考核得分90分及以上为超额完成,80分及以上、90分以下为完成,60分及以上、80分以下为基本完成,60分以下为未完成。

在期末考核中,未完成单位地区生产总值二氧化碳排放五年规划降低目标的地区,其期末考核结果为未完成。

注:本考核办法由生态环境部牵头制定。

第九条　考核工作按照以下程序进行：

（一）自我评价。各省、自治区、直辖市人民政府按照本办法，结合本地区控制温室气体排放具体工作方案，将上年度本地区控制温室气体排放目标完成情况和任务措施落实情况自评报告报国务院，并抄送生态环境部。

（二）部门审核与现场核查。生态环境部根据省级人民政府自评情况，完成部门审核。生态环境部会同有关部门组成考核工作组，视情开展现场核查。综合部门审核意见和现场核查结果，评定各地区考核等级，形成年度或期末考核报告。

（三）报批与通报。考核结果上报国务院，由生态环境部通报各省、自治区、直辖市人民政府和有关部门，向社会公开，接受舆论监督。

第十条　控制温室气体排放目标责任年度和期末考核结果，作为对各省、自治区、直辖市人民政府主要负责人和领导班子综合考核评价、干部奖惩任免和领导换届考查、任职考查的重要参考。年度和期末单位地区生产总值二氧化碳排放降低目标完成情况将分别作为计算本地区年度绿色发展指数和开展生态文明建设目标考核的相关依据。

第十一条　对期末考核结果超额完成的省、自治区、直辖市人民政府给予通报表扬，有关部门在经国务院批准后，对相关政策、资金及项目安排上予以优先考虑。

第十二条　对年度考核或期末考核未完成的省、自治区、直辖市人民政府，参照相关文件要求进行批评、约谈、整改和责任追究。

第十三条　各省、自治区、直辖市不得篡改、伪造或者指使篡改、伪造化石燃料消费量等相关基础统计数据，对于存在上述问题并被查实的地区，考核等级确定为未完成，并予以通报批评。对因失职渎职等造成严重后果的，由纪检监察机关和组织（人事）部门依纪依规追究该地区有关单位及责任人员责任。

第十四条　参与控制温室气体排放目标责任考核工作的部门和机构中相关人员应当严格执行工作纪律，坚持原则、实事求是，确保考核工作客观公正、依规有序开展。

第十五条　对考核结果和责任追究决定有异议的地区，可以向生态环境部或其他有关机关和部门提出书面申诉，有关机关和部门应当依据相关规定受理并进行处理。

第十六条　生态环境部会同有关部门组织制定年度控制温室气体排放目标责任考核工作实施方案。

各省、自治区、直辖市人民政府可参照本办法，结合当地实际，制定或完善本地区控制温室气体排放目标责任考核办法，并组织开展对下一级政府的考核。

第十七条　本办法自印发之日起施行。

附："十三五"省级人民政府控制温室气体排放目标责任考核指标及评分细则

附

"十三五"省级人民政府控制温室气体排放目标责任考核指标及评分细则

考核内容	考核指标		分值	评分依据	评　分　标　准
一、目标完成(40分)	1. 单位地区生产总值二氧化碳排放年度降低目标		20	政府工作报告或年度计划报告设定的年度计划目标；核定的各地区年度降低目标完成率	根据年度目标的完成情况评分，年度目标完成率达到或超过100%得20分；低于100%的，得分为年度目标完成率乘以20。
	2. 单位地区生产总值二氧化碳排放累计进度目标		20	当年应达到的累计进度目标；核定的累计进度目标完成率	根据累计进度目标的完成情况评分，累计进度目标完成率达到或超过100%得20分；低于100%的，得分为累计进度目标完成率乘以20。在期末考核中，未完成五年规划目标，考核结果即为未完成。
二、任务措施、基础工作与能力建设(60分)	能源节约与结构优化(8分)	3. 能源消耗总量和强度"双控"目标完成情况	4	省级人民政府能源消耗总量和强度"双控"考核结果	依据省级人民政府能源消耗总量和强度"双控"考核结果，"超额完成"得4分，"完成"得3分，"基本完成"得2分，"未完成"计为0分。
		4. 非化石能源发展情况	3	本地区统计局或能源局等相关政府部门及电网公司出具的指标数据，核算采用国家能源局《可再生能源电力发展监测指标核算方法》	依据"十三五"省级人民政府非化石能源发展考核结果进行评分，在暂未开展考核的年份，可依据以下标准进行评分： (1)年度考核中，可再生能源占能源消费总量比重、消纳可再生能源电力占全社会用电量比重比上年有所提高或完成本地区年度目标，分别得1.5分，持平或下降，均计为0分； (2)期末考核中，以各地区"十三五"期间非化石能源占能源消费总量比重目标完成情况进行评分，完成，得3分，未完成，计为0分。
		5. 化石能源结构调整情况	1	本地区发改、能源或统计等相关政府部门出具的指标数据	(1)对已经提出煤炭消费减量目标的地区，完成年度目标，得0.5分，否则计为0分；对尚未提出煤炭消费减量目标的地区，煤炭占能源消费总量比重比上年有所下降的，得0.5分，持平或上升的，计为0分； (2)天然气占能源消费总量比重比上年有所上升的，得0.5分，持平或下降的，计为0分。
	低碳产业体系建设(8分)	6. 产业结构调整情况	2	国家统计局提供的相关数据、本地区发改等政府部门出具的指标数据	(1)年度考核中，第三产业增加值比重完成本地区年度目标或比上年有所提高，得2分，持平或下降得0分； (2)期末考核中，以本地区"十三五"规划所确定的第三产业增加值比重目标进行评分，完成目标的，得2分，未完成，计为0分。未设定目标的，参照第一条进行评分。
		7. 工业领域控排情况	1	国家及地区发改、工信等相关政府部门出具的数据或文件材料	单位工业增加值二氧化碳排放量比上年有所降低，得1分，持平或上升，计为0分。

（续）

考核内容	考核指标		分值	评分依据	评 分 标 准
二、任务措施、基础工作与能力建设(60分)	低碳产业体系建设(8分)	8. 发展低碳农业	1	国家及地区农业、统计、发改等相关政府部门出具的数据或文件材料	(1)年度考核中，本地区化肥使用量增量较上年持平或有所降低，得1分，上升，计为0分； (2)期末考核中，本地区化肥使用量增量为零或有所降低，得1分，上升，计为0分。
		9. 生态系统碳汇增加情况	4	国家及地区林业部门出具的数据	(1)年度考核中，造林面积完成各地区下达年度计划任务的，得2分，未完成的，计为0分；森林抚育面积完成各地区下达年度计划任务的，得2分未完成的，计为0分； (2)期末考核中，造林面积完成各地区"十三五"下达计划任务的，得2分，未完成的，计为0分；森林抚育面积完成各地区"十三五"下达计划任务的，得2分，未完成的，计为0分。
	城镇化低碳发展(7分)	10. 城乡低碳化建设和管理	3	国家及地区住建等相关部门出具的数据或文件材料	(1)完成绿色建筑占新建建筑比重年度任务目标，得1分； (2)既有建筑完成年度既有建筑节能改造目标，得0.5分；根据可再生能源建筑应用推进情况进行评分，最高0.5分； (3)根据商业和公共建筑低碳化运行管理工作(如健全温室气体排放台账记录等)开展情况进行评分，最高1分。
		11. 低碳交通运输体系建设	3	国家及地区交通运输、公安等相关部门出具的数据或文件材料	(1)完成交通运输二氧化碳控排工作目标，得1分； (2)省会城市公共交通出行分担率较上年有所提高、或达到40%以上得1分，持平得0.5分，下降计为0分； (3)道路运输新能源(纯电动、插电式混合动力、燃料电池)车辆或清洁燃料车辆保有量比上年有所增长、或占所有车辆比例达到60%以上得1分，持平得0.5分，降低计为0分。
		12. 低碳生活方式倡导	1	地区发改、住建、交通运输、公安等相关部门出具的数据或文件材料	(1)积极组织开展践行低碳生活方式、绿色出行行动的宣传及评选活动，得0.5分； (2)加强废弃物资源化利用和低碳化处理，依据本地区工作进展酌情给分，最高为0.5分。
	区域低碳发展(5分)	13. 部分区域率先达峰	2	地区发改等相关部门出具的数据或文件材料	省级已开展峰值目标、达峰路线图和总量控制研究的，得1分；行政区域内有优化开发区域或其他区域(或行政区域整体)提出峰值目标，并形成明确达峰路线图的，得1分；后续年份，根据其实现达峰路线图、开展总量控制的实效进行评分，最高2分。
		14. 低碳发展试点建设情况	2	地区发改等相关部门出具的文件材料	(1)对国家确定的低碳试点省(自治区、直辖市)、行政区域内有国家低碳试点城市的省份、气候适应型城市建设试点或自行开展的省级低碳试点地区以及行政区域内开展低碳产业园区和低碳社区，进一步深化相关工作的，根据实效进行评分，最高1分； (2)积极组织创建低碳城市试点、低碳城(镇)试点、低碳工业园区试点、低碳社区试点，根据工作开展情况及实效进行评分，最高1分。

（续）

考核内容	考核指标		分值	评分依据	评　分　标　准
二、任务措施、基础工作与能力建设(60分)	区域低碳发展(5分)	15. 低碳发展示范情况	1	地区发改等相关部门出具的文件材料	积极开展诸如近零碳排放区示范工程、低碳示范园区、低碳示范社区等示范工作，根据工作开展情况及实效进行评分，最高1分。
	碳市场建设和运行(8分)	16. 全国碳市场与纳管企业履约率	3	地区发改等相关部门出具的数据和文件材料	履约率达到100%的地区得3分，95%~100%(不含)的地区得2分，90%~95%(不含)的地区计为1分，90%以下的地区计为0分；在全国碳市场启动前，该部分分值归入本办法第17条第(3)项。
		17. 企业报告核查与配额分配	4		(1)推动全国碳市场纳管企业配备专人管理排放核算，制定排放监测计划，根据工作情况评分，最高1分；(2)组织企业开展全国碳市场能力建设活动，根据工作情况评分，最高1分；(3)按照主管部门要求，有效组织对全国碳市场纳管企业核查，并按时报送，根据工作情况评分，最高2分。
		18. 其他市场机制	1		组织开展碳普惠制、碳积分等其他机制创新工作，根据工作情况，最高得1分。
	低碳科技创新(2分)	19. 低碳技术和产品	2	地区质检、发改、经信、科技等相关部门出具的文件材料。	(1)根据本地区考核年度内推广《国家重点节能低碳技术推广目录》所列技术的数量和进度、制定本地区节能低碳技术推广目录、或开展CCUS等低碳技术示范和应用情况进行评分，最高1分；(2)本地区企业考核年度内有产品获得节能低碳认证和标识的，得1分。
	基础能力支撑(7分)	20. 温室气体排放统计核算制度建设及清单编制情况	4	地区发改、统计等相关部门出具的数据和文件材料	(1)按照《关于加强应对气候变化统计工作的意见》要求，健全本地区基础统计与调查制度及职责分工，得1分；在统计部门配备相关专业人员，安排相关资金得1分；为建立完善省市两级行政区域能源碳排放年度核算方法和报告制度、常态化清单编制等相关工作提供支持，得1分；(2)配合省级清单联审工作，按时完成本地区清单编制及验收工作，得1分。
		21. 温室气体排放信息披露制度	1	地区发改、企业等出具的数据和文件材料	积极鼓励和引导国有企业、上市公司、纳入碳排放权交易市场的企业率先公布温室气体排放信息和控排行动措施，考核年度内有新增企业披露，得1分。
		22. 机构和队伍建设	2	地区发改等相关部门出具的文件材料	(1)设立应对气候变化专职管理机构，并完善工作机制，确保专人专职负责应对气候变化事务，得1分；(2)成立省级应对气候变化工作技术支撑机构等，加强队伍建设，并有效支撑相关工作，得1分。

（续）

考核内容	考核指标		分值	评分依据	评 分 标 准
二、任务措施、基础工作与能力建设(60分)	国际合作(2分)	23. 低碳项目国际合作情况	2	地区发改等相关部门出具的文件材料	以下四项工作开展两项及以上得2分，开展一项得1分，未开展计为0分： (1)积极组织或参与南南合作相关项目和活动； (2)结合实施"一带一路"等国家战略，促进与相关国家开展低碳项目合作； (3)利用其他国家或相关国际机构优惠资金和先进技术支持本地区应对气候变化工作； (4)举办或参与重大国际性应对气候变化和低碳发展论坛。
	相关保障措施(13分)	24. 组织领导情况	4	地区发改、财政等相关部门出具的文件材料	建立省级应对气候变化领导小组，得1分；省级应对气候变化领导小组或省级人民政府在考核年度召开会议，组织协调布置相关重大工作的，得2分；印发应对气候变化和低碳发展年度工作重点，得1分；未开展相关工作，计为0分。
		25. 年度目标设定与考核情况	2		(1)凡设定本地区二氧化碳强度年度降低目标并纳入本地区政府工作报告和年度计划报告，得1分；只纳入年度计划或由本地区人民政府下达了年度计划目标的，得0.5分；均未纳入的，计为0分； (2)发布本地区控制温室气体排放考核实施方案，并对所辖地市州或行业开展年度考核，得0.5分；建立责任追究制度，对考核结果进行社会发布，得0.5分。
		26. 资金支持情况	6		(1)建立本地区财政预算科目并在考核年度内安排适当资金，根据在考核年度内资金设定、执行和保障情况进行评分，最高2分； (2)设立应对气候变化专项资金，或从本地区节能减排资金和可再生能源发展等资金中安排资金支持应对气候变化或低碳发展相关工作，根据在考核年度内资金设定、执行和保障情况进行评分，最高3分； (3)创新气候投融资机制，开展相关试点工作，积极吸引社会资金投入应对气候变化或低碳发展相关工作的，得1分。
		27. 宣传引导	1		组织开展"全国低碳日"等相关活动，全方位、多层次加强培训和宣传引导，开展具有特色的其他宣传活动，根据活动情况及效果进行评分，最高1分。
小计			100		

注：单位工业增加值二氧化碳排放量，可根据单位工业增加值能耗下降率，结合全省(自治区、直辖市)平均排放因子计算。

全国碳排放权交易市场建设方案（发电行业）

建立碳排放权交易市场，是利用市场机制控制温室气体排放的重大举措，也是深化生态文明体制改革的迫切需要，有利于降低全社会减排成本，有利于推动经济向绿色低碳转型升级。为扎实推进全国碳排放权交易市场（以下简称"碳市场"）建设工作，确保2017年顺利启动全国碳排放交易体系，根据《中华人民共和国国民经济和社会发展第十三个五年规划纲要》和《生态文明体制改革总体方案》，制定本方案。

一、总体要求

（一）指导思想

深入贯彻落实党的十九大精神，高举中国特色社会主义伟大旗帜，坚持以习近平新时代中国特色社会主义思想为指导，紧紧围绕统筹推进"五位一体"总体布局和协调推进"四个全面"战略布局，牢固树立创新、协调、绿色、开放、共享的发展理念，认真落实党中央、国务院关于生态文明建设的决策部署，充分发挥市场机制对控制温室气体排放的作用，稳步推进建立全国统一的碳市场，为我国有效控制和逐步减少碳排放，推动绿色低碳发展作出新贡献。

（二）基本原则

坚持市场导向、政府服务。贯彻落实简政放权、放管结合、优化服务的改革要求，以企业为主体，以市场为导向，强化政府监管和服务，充分发挥市场对资源配置的决定性作用。

坚持先易后难、循序渐进。按照国家生态文明建设和控制温室气体排放的总体要求，在不影响经济平稳健康发展的前提下，分阶段、有步骤地推进碳市场建设。在发电行业（含热电联产，下同）率先启动全国碳排放交易体系，逐步扩大参与碳市场的行业范围，增加交易品种，不断完善碳市场。

坚持协调协同、广泛参与。统筹国际、国内两个大局，统筹区域、行业可持续发展与控制温室气体排放需要，按照供给侧结构性改革总体部署，加强与电力体制改革、能源消耗总量和强度"双控"、大气污染防治等相关政策措施的协调。持续优化完善碳市场制度设计，充分调动部门、地方、企业和社会积极性，共同推进和完善碳市场建设。

坚持统一标准、公平公开。统一市场准入标准、配额分配方法和有关技术规范，建设全国统一的排放数据报送系统、注册登记系统、交易系统和结算系统等市场支撑体系。构建有利于公平竞争的市场环境，及时准确披露市场信息，全面接受社会监督。

（三）目标任务

坚持将碳市场作为控制温室气体排放政策工具的工作定位，切实防范金融等方面风

＊注：《全国碳排放权交易市场建设方案》（发电行业）由国家发展改革委（发改委气候规〔2017〕2191号）于2017年12月发布。

险。以发电行业为突破口率先启动全国碳排放交易体系，培育市场主体，完善市场监管，逐步扩大市场覆盖范围，丰富交易品种和交易方式。逐步建立起归属清晰、保护严格、流转顺畅、监管有效、公开透明、具有国际影响力的碳市场。配额总量适度从紧、价格合理适中，有效激发企业减排潜力，推动企业转型升级，实现控制温室气体排放目标。自本方案印发之后，分三阶段稳步推进碳市场建设工作。

基础建设期。用一年左右的时间，完成全国统一的数据报送系统、注册登记系统和交易系统建设。深入开展能力建设，提升各类主体参与能力和管理水平。开展碳市场管理制度建设。

模拟运行期。用一年左右的时间，开展发电行业配额模拟交易，全面检验市场各要素环节的有效性和可靠性，强化市场风险预警与防控机制，完善碳市场管理制度和支撑体系。

深化完善期。在发电行业交易主体间开展配额现货交易。交易仅以履约（履行减排义务）为目的，履约部分的配额予以注销，剩余配额可跨履约期转让、交易。在发电行业碳市场稳定运行的前提下，逐步扩大市场覆盖范围，丰富交易品种和交易方式。创造条件，尽早将国家核证自愿减排量纳入全国碳市场。

二、市场要素

（四）交易主体。初期交易主体为发电行业重点排放单位。条件成熟后，扩大至其他高耗能、高污染和资源性行业。适时增加符合交易规则的其他机构和个人参与交易。

（五）交易产品。初期交易产品为配额现货，条件成熟后增加符合交易规则的国家核证自愿减排量及其他交易产品。

（六）交易平台。建立全国统一、互联互通、监管严格的碳排放权交易系统，并纳入全国公共资源交易平台体系管理。

三、参与主体

（七）重点排放单位。发电行业年度排放达到2.6万吨二氧化碳当量（综合能源消费量约1万吨标准煤）及以上的企业或者其他经济组织为重点排放单位。年度排放达到2.6万吨二氧化碳当量及以上的其他行业自备电厂视同发电行业重点排放单位管理。在此基础上，逐步扩大重点排放单位范围。

（八）监管机构。国务院发展改革部门与相关部门共同对碳市场实施分级监管。国务院发展改革部门会同相关行业主管部门制定配额分配方案和核查技术规范并监督执行。各相关部门根据职责分工分别对第三方核查机构、交易机构等实施监管。省级、计划单列市应对气候变化主管部门监管本辖区内的数据核查、配额分配、重点排放单位履约等工作。各部门、各地方各司其职、相互配合，确保碳市场规范有序运行。

（九）核查机构。符合有关条件要求的核查机构，依据核查有关规定和技术规范，受委托开展碳排放相关数据核查，并出具独立核查报告，确保核查报告真实、可信。

四、制度建设

（十）碳排放监测、报告与核查制度。国务院发展改革部门会同相关行业主管部门制定企业排放报告管理办法、完善企业温室气体核算报告指南与技术规范。各省级、计划单列市应对气候变化主管部门组织开展数据审定和报送工作。重点排放单位应按规定及时报告碳排放数据。重点排放单位和核查机构须对数据的真实性、准确性和完整性负责。

（十一）重点排放单位配额管理制度。国务院发展改革部门负责制定配额分配标准和办法。各省级及计划单列市应对气候变化主管部门按照标准和办法向辖区内的重点排放单位分配配额。重点排放单位应当采取有效措施控制碳排放，并按实际排放清缴配额（"清缴"是指清理应缴未缴配额的过程）。省级及计划单列市应对气候变化主管部门负责监督清缴，对逾期或不足额清缴的重点排放单位依法依规予以处罚，并将相关信息纳入全国信用信息共享平台实施联合惩戒。

（十二）市场交易相关制度。国务院发展改革部门会同相关部门制定碳排放权市场交易管理办法，对交易主体、交易方式、交易行为以及市场监管等进行规定，构建能够反映供需关系、减排成本等因素的价格形成机制，建立有效防范价格异常波动的调节机制和防止市场操纵的风险防控机制，确保市场要素完整、公开透明、运行有序。

五、发电行业配额管理

（十三）配额分配。发电行业配额按国务院发展改革部门会同能源部门制定的分配标准和方法进行分配（发电行业配额分配标准和方法另行制定）。

（十四）配额清缴。发电行业重点排放单位需按年向所在省级、计划单列市应对气候变化主管部门提交与其当年实际碳排放量相等的配额，以完成其减排义务。其富余配额可向市场出售，不足部分需通过市场购买。

六、支撑系统

（十五）重点排放单位碳排放数据报送系统。建设全国统一、分级管理的碳排放数据报送信息系统，探索实现与国家能耗在线监测系统的连接。

（十六）碳排放权注册登记系统。建设全国统一的碳排放权注册登记系统及其灾备系统，为各类市场主体提供碳排放配额和国家核证自愿减排量的法定确权及登记服务，并实现配额清缴及履约管理。国务院发展改革部门负责制定碳排放权注册登记系统管理办法与技术规范，并对碳排放权注册登记系统实施监管。

（十七）碳排放权交易系统。建设全国统一的碳排放权交易系统及其灾备系统，提供交易服务和综合信息服务。国务院发展改革部门会同相关部门制定交易系统管理办法与技术规范，并对碳排放权交易系统实施监管。

（十八）碳排放权交易结算系统。建立碳排放权交易结算系统，实现交易资金结算及管理，并提供与配额结算业务有关的信息查询和咨询等服务，确保交易结果真实可信。

七、试点过渡

(十九)推进区域碳交易试点向全国市场过渡。2011 年以来开展区域碳交易试点的地区将符合条件的重点排放单位逐步纳入全国碳市场，实行统一管理。区域碳交易试点地区继续发挥现有作用，在条件成熟后逐步向全国碳市场过渡。

八、保障措施

(二十)加强组织领导。国务院发展改革部门会同有关部门，根据工作需要将按程序适时调整完善本方案，重要情况及时向国务院报告。各部门应结合实际，按职责分工加强对碳市场的监管。

(二十一)强化责任落实。国务院发展改革部门会同相关部门负责全国碳市场建设。各省级及计划单列市人民政府负责本辖区内的碳市场建设工作。符合条件的省(直辖市)受国务院发展改革部门委托建设运营全国碳市场相关支撑系统，建成后接入国家统一数据共享交换平台。

(二十二)推进能力建设。组织开展面向各类市场主体的能力建设培训，推进相关国际合作。鼓励相关行业协会和中央企业集团开展行业碳排放数据调查、统计分析等工作，为科学制定配额分配标准提供技术支撑。

(二十三)做好宣传引导。加强绿色循环低碳发展与碳市场相关政策法规的宣传报道，多渠道普及碳市场相关知识，宣传推广先进典型经验和成熟做法，提升企业和公众对碳减排重要性和碳市场的认知水平，为碳市场建设运行营造良好社会氛围。

建立市场化、多元化生态保护补偿机制行动计划

为贯彻中共中央办公厅《党的十九大报告重要改革举措实施规划(2018—2022 年)》(中办发〔2018〕39 号)以及中共中央办公厅、国务院办公厅《中央有关部门贯彻实施党的十九大报告重要改革举措分工方案》(中办发〔2018〕12 号)精神,落实《国务院办公厅关于健全生态保护补偿机制的意见》(国办发〔2016〕31 号),积极推进市场化、多元化生态保护补偿机制建设,特制定本行动计划。

一、总体要求

党的十八大以来,生态保护补偿机制建设顺利推进,重点领域、重点区域、流域上下游以及市场化补偿范围逐步扩大,投入力度逐步加大,体制机制建设取得初步成效。但在实践中还存在企业和社会公众参与度不高,优良生态产品和生态服务供给不足等矛盾和问题,亟需建立政府主导、企业和社会参与、市场化运作、可持续的生态保护补偿机制,激发全社会参与生态保护的积极性。

市场化、多元化生态保护补偿机制建设要以习近平新时代中国特色社会主义思想为指导,全面贯彻党的十九大和十九届二中、三中全会精神,牢固树立和践行“绿水青山就是金山银山”的理念,紧扣我国社会主要矛盾的变化,按照高质量发展的要求,坚持谁受益谁补偿、稳中求进的原则,加强顶层设计,创新体制机制,实现生态保护者和受益者良性互动,让生态保护者得到实实在在的利益。

到 2020 年,市场化、多元化生态保护补偿机制初步建立,全社会参与生态保护的积极性有效提升,受益者付费、保护者得到合理补偿的政策环境初步形成。到 2022 年,市场化、多元化生态保护补偿水平明显提升,生态保护补偿市场体系进一步完善,生态保护者和受益者互动关系更加协调,成为生态优先、绿色发展的有力支撑。

二、重点任务

建立市场化、多元化生态保护补偿机制要健全资源开发补偿、污染物减排补偿、水资源节约补偿、碳排放权抵消补偿制度,合理界定和配置生态环境权利,健全交易平台,引导生态受益者对生态保护者的补偿。积极稳妥发展生态产业,建立健全绿色标识、绿色采购、绿色金融、绿色利益分享机制,引导社会投资者对生态保护者的补偿。

(一)健全资源开发补偿制度

自然资源是生态系统的重要组成部分,资源开发者应当对资源开发的不利影响进行补偿,保障生态系统功能的原真性、完整性。合理界定资源开发边界和总量,确保生态系统功能不受影响。企业将资源开发过程中的生态环境投入和修复费用纳入资源开发成本,自

注:《建立市场化、多元化生态保护补偿机制行动计划》由国家发展改革委(发改西部〔2018〕1960 号)于 2018 年 12 月发布。

身或者委托第三方专业机构实施修复。进一步完善全民所有土地资源、水资源、矿产资源、森林资源、草原资源、海域海岛资源等自然资源资产有偿使用制度，健全依法建设占用自然生态空间和压覆矿产的占用补偿制度。建立归属清晰、权责明确、保护严格、流转顺畅、监管有效的自然资源资产产权制度。构建统一的自然资源资产交易平台，健全自然资源收益分配制度。（自然资源部牵头，发展改革委、财政部、住房城乡建设部、水利部、农业农村部、人民银行、林草局参与，地方各级人民政府负责落实。以下均需地方各级人民政府负责落实，不再列出）

（二）优化排污权配置

探索建立生态保护地区排污权交易制度，在满足环境质量改善目标任务的基础上，企业通过淘汰落后和过剩产能、清洁生产、清洁化改造、污染治理、技术改造升级等产生的污染物排放削减量，可按规定在市场交易。以工业企业、污水集中处理设施等为重点，在有条件的地方建立省内分行业排污强度区域排名制度，排名靠后地区对排名靠前地区进行合理补偿。（生态环境部牵头）

（三）完善水权配置

积极稳妥推进水权确权，合理确定区域取用水总量和权益，逐步明确取用水户水资源使用权。鼓励引导开展水权交易，对用水总量达到或超过区域总量控制指标或江河水量分配指标的地区，原则上要通过水权交易解决新增用水需求。鼓励取水权人通过节约使用水资源有偿转让相应取水权。健全水权交易平台，加强对水权交易活动的监管，强化水资源用途管制。（水利部牵头，自然资源部、生态环境部参与）

（四）健全碳排放权抵消机制

建立健全以国家温室气体自愿减排交易机制为基础的碳排放权抵消机制，将具有生态、社会等多种效益的林业温室气体自愿减排项目优先纳入全国碳排放权交易市场，充分发挥碳市场在生态建设、修复和保护中的补偿作用。引导碳交易履约企业和对口帮扶单位优先购买贫困地区林业碳汇项目产生的减排量。鼓励通过碳中和、碳普惠等形式支持林业碳汇发展。（生态环境部牵头，自然资源部、林草局参与）

（五）发展生态产业

在生态功能重要、生态资源富集的贫困地区，加大投入力度，提高投资比重，积极稳妥发展生态产业，将生态优势转化为经济优势。中央预算内投资向重点生态功能区内的基础设施和公共服务设施倾斜。鼓励大中城市将近郊垃圾焚烧、污水处理、水质净化、灾害防治、岸线整治修复、生态系统保护与修复工程与生态产业发展有机融合，完善居民参与方式，引导社会资金发展生态产业，建立持续性惠益分享机制。（发展发改委、自然资源部、生态环境部、住房城乡建设部、交通运输部、农业农村部、文化和旅游部、林草局、扶贫办按职责参与）

（六）完善绿色标识

完善绿色产品标准、认证和监管等体系，发挥绿色标识促进生态系统服务价值实现的作用。推动现有环保、节能、节水、循环、低碳、再生、有机等产品认证逐步向绿色产品认证过渡，建立健全绿色标识产品清单制度。结合绿色电力证书资源认购，建立绿色能源制造认证机制。健全无公害农产品、绿色食品、有机产品认证制度和地理标志保护制度，实现优质优价。完善环境管理体系、能源管理体系、森林生态标志产品和森林可持续经营认证制度，建立健全获得相关认证产品的绿色通道制度。（市场监管总局、发展改革委、自然资源部、生态环境部、水利部、农业农村部、能源局、林草局、知识产权局按职责参与）

（七）推广绿色采购

综合考虑市场竞争、成本效益、质量安全、区域发展等因素，合理确定符合绿色采购要求的需求标准和采购方式。推广和实施绿色采购，完善绿色采购清单发布机制，优先选择获得环境管理体系、能源管理体系认证的企业或公共机构，优先采购经统一绿色产品认证、绿色能源制造认证的产品，为生态功能重要区域的产品进入市场创造条件。有序引导社会力量参与绿色采购供给，形成改善生态保护公共服务的合力。（财政部、发展改革委、市场监管总局牵头，生态环境部、水利部、能源局、扶贫办参与）

（八）发展绿色金融

完善生态保护补偿融资机制，根据条件成熟程度，适时扩大绿色金融改革创新试验区试点范围。鼓励各银行业金融机构针对生态保护地区建立符合绿色企业和项目融资特点的绿色信贷服务体系，支持生态保护项目发展。在坚决遏制隐性债务增量的基础上，支持有条件的生态保护地区政府和社会资本按市场化原则共同发起区域性绿色发展基金，支持以PPP模式规范操作的绿色产业项目。鼓励有条件的非金融企业和金融机构发行绿色债券，鼓励保险机构创新绿色保险产品，探索绿色保险参与生态保护补偿的途径。（人民银行牵头，财政部、自然资源部、银保监会、证监会参与）

（九）建立绿色利益分享机制

鼓励生态保护地区和受益地区开展横向生态保护补偿。探索建立流域下游地区对上游地区提供优于水环境质量目标的水资源予以补偿的机制。积极推进资金补偿、对口协作、产业转移、人才培训、共建园区等补偿方式，选择有条件的地区开展试点。（发展改革委、财政部、生态环境部、水利部按职责参与）

三、配套措施

健全激励机制，完善调查监测体系，强化技术支撑，为推进建立市场化、多元化生态保护补偿机制创造良好的基础条件。

（十）健全激励机制

发挥政府在市场化、多元化生态保护补偿中的引导作用，吸引社会资本参与，对成效明显的先进典型地区给予适当支持。（发展改革委、财政部牵头，自然资源部、生态环境部、水利部、农业农村部、林草局参与）

（十一）加强调查监测

加强对市场化、多元化生态保护补偿投入与成效的监测，健全调查体系和长效监测机制。建立健全自然资源统一调查监测评价、自然资源分等定级价格评估制度。加强重点区域资源、环境、生态监测，完善生态保护补偿基础数据。（发展改革委、自然资源部、生

态环境部、水利部、农业农村部、统计局、林草局按职责参与)

(十二)强化技术支撑

以生态产品产出能力为基础,健全生态保护补偿标准体系、绩效评估体系、统计指标体系和信息发布制度。完善自然资源资产负债表编制方法,培育生态服务价值评估、自然资源资产核算、生态保护补偿基金管理等相关机构。鼓励有条件的地区开展生态系统服务价值核算试点,试点成功后全面推广。(发展改革委、财政部、自然资源部、生态环境部、水利部、农业农村部、统计局、林草局按职责参与)

四、组织实施

强化统筹协调,压实工作责任,加强宣传推广,扎实有序推进市场化、多元化生态保护补偿工作。

(十三)强化统筹协调

发挥好生态保护补偿工作部际联席会议制度的作用,加强部门之间以及部门与地方的合作,协调解决工作中遇到的困难。有关部门、各地方要加强工作进展跟踪分析,每年向生态保护补偿工作部际联席会议牵头单位报送情况。

(十四)压实工作责任

各地要将市场化、多元化生态保护补偿机制建设纳入年度工作任务,细化工作方案,明确责任主体,推动补偿机制建设逐步取得实效。各有关部门要加强重点任务落实的业务指导,完善支持政策措施,加强对工作任务的督促落实。

(十五)加强宣传推广

各地各有关部门要加强补偿政策宣传解读,通过现场交流和会议研讨等形式,及时宣传取得的成效,推广可复制的经验。要发挥新闻媒体的平台优势,传播各地好经验好做法,引导各类市场主体参与补偿,推动形成全社会保护生态环境的良好氛围。

大型活动碳中和实施指南（试行）

第一章 总 则

第一条 为推动践行低碳理念，弘扬以低碳为荣的社会新风尚，规范大型活动碳中和实施，制定本指南。

第二条 本指南所称大型活动，是指在特定时间和场所内开展的较大规模聚集行动，包括演出、赛事、会议、论坛、展览等。

第三条 本指南所称碳中和，是指通过购买碳配额、碳信用的方式或通过新建林业项目产生碳汇量的方式抵消大型活动的温室气体排放量。

第四条 各级生态环境部门根据本指南指导大型活动实施碳中和，并会同有关部门加强典型案例的经验交流和宣传推广。

第五条 鼓励大型活动组织者依据本指南对大型活动实施碳中和，并主动公开相关信息，接受政府主管部门指导和社会监督。鼓励大型活动参与者参加碳中和活动。

第二章 基本要求和原则

第六条 做出碳中和承诺或宣传的大型活动，其组织者应结合大型活动的实际情况，优先实施控制温室气体排放行动，再通过碳抵消等手段中和大型活动实际产生的温室气体排放量，实现碳中和。

第七条 核算大型活动温室气体排放应遵循完整性、规范性和准确性原则并做到公开透明。

第三章 碳中和流程

第八条 大型活动组织者需在大型活动的筹备阶段制订碳中和实施计划，在举办阶段开展减排行动，在收尾阶段核算温室气体排放量并采取抵消措施完成碳中和。

第九条 大型活动碳中和实施计划应确定温室气体排放量核算边界，预估温室气体排放量，提出减排措施，明确碳中和的抵消方式，发布碳中和实施计划的主要内容。

（一）温室气体排放量核算边界，应至少包括举办阶段的温室气体排放量，鼓励包括筹备阶段和收尾阶段的温室气体排放量。

（二）预估温室气体排放量，温室气体排放源的识别和温室气体排放量核算方法可参考本指南附1实施。

（三）提出减排措施。大型活动组织者在大型活动的筹备、举办和收尾阶段应当尽可能实施控制其温室气体排放行动，确保减排行动的有效性。

注：《大型活动碳中和实施指南（试行）》由生态环境部（公告2019年第19号）2019年6月发布。

（四）大型活动组织者应明确碳中和的抵消方式。

（五）大型活动组织者应发布碳中和实施计划，主要内容包括大型活动名称、举办时间、举办地点、活动内容、预估排放量、减排措施、碳中和的抵消方式及预期实现碳中和日期等。

第十条　大型活动组织者应根据碳中和实施计划开展减排行动，并确保实现预期的减排效果。

第十一条　大型活动组织者应根据大型活动的实际开展情况核算温室气体排放量，为碳抵消提供准确依据。核算温室气体排放量参照本指南附 1 推荐的核算标准和技术规范实施。

第十二条　大型活动组织者应通过购买碳配额、碳信用的方式或通过新建林业项目产生碳汇量的方式抵消大型活动实际产生的温室气体排放量。鼓励优先采用来自贫困地区的碳信用或在贫困地区新建林业项目。

（一）用于抵消大型活动温室气体排放量的碳配额或碳信用，应在相应的碳配额或碳信用注册登记机构注销。已注销的碳配额或碳信用应可追溯并提供相应证明。推荐按照以下优先顺序使用碳配额或碳信用进行抵消，且实现碳中和的时间不得晚于大型活动结束后 1 年内。

1. 全国或区域碳排放权交易体系的碳配额。

2. 中国温室气体自愿减排项目产生的"核证自愿减排量"（CCER）。

3. 经省级及以上生态环境主管部门批准、备案或者认可的碳普惠项目产生的减排量。

4. 经联合国清洁发展机制（CDM）或其他减排机制签发的中国项目温室气体减排量。

（二）通过新建林业项目的方式实现碳中和的时间不得晚于大型活动结束后 6 年内，并应满足以下要求。

1. 碳汇量核算应参照本指南附 1 推荐的核算标准和技术规范实施，并经具有造林/再造林专业领域资质的温室气体自愿减排交易审定与核证机构实施认证。

2. 新建林业项目用于碳中和之后，不得再作为温室气体自愿减排项目或者其他减排机制项目重复开发，也不可再用于开展其他活动或项目的碳中和。

3. 大型活动组织者应保存并在公开渠道对外公示新建林业项目的地理位置、坐标范围、树种、造林面积、造林/再造林计划、监测计划、碳汇量及其对应的时间段等信息。

第十三条　用于抵消的碳配额、碳信用或（和）碳汇量大于等于大型活动实际产生的排放量时，即界定为该大型活动实现了碳中和。

第四章　承诺和评价

第十四条　大型活动组织者应通过自我承诺或委托符合要求的独立机构开展评价工作，确认实现碳中和。

第十五条　如通过自我承诺的方式确认大型活动实现碳中和，大型活动组织者应对照碳中和实施计划开展，保存相关证据文件并对真实性负责。

第十六条　如通过委托独立机构的方式确认大型活动实现碳中和，建议采用中国温室气体自愿减排项目审定与核证机构。独立机构的评价活动一般包括准备阶段、实施阶段和报告阶段，每个阶段应开展的工作如下。

（一）准备阶段

成立评价小组：独立机构应根据人员能力和大型活动实际情况，组建评价小组。评价小组至少由两名具备相应业务领域能力的评价人员组成。

制定评价计划：包括但不限于评价目的和依据、评价内容、评价日程等。

（二）实施阶段

文件审核：评价小组应通过查阅大型活动的减排行动、温室气体排放量化及实施抵消的相应支持材料，确认大型活动碳中和实施是否满足本指南要求。

现场访问：在大型活动举办阶段，评价小组可根据需求实施现场访问，访问内容应包括但不限于人员访谈、能耗设备运行勘查、温室气体排放量的核算等。

评价报告编制：评价小组应根据文件评审和现场访问的发现，编制评价报告，报告应当真实完整、逻辑清晰、客观公正，内容包括评价过程和方法、评价发现和结果、评价结论等。评价报告可参照本指南附2推荐的编写提纲编制。

评价报告复核：评价报告应经过独立于评价小组的人员复核，复核人员应具备必要的知识和能力。

（三）报告阶段

评价报告批准：独立机构批准经内部复核后的评价报告，将评价报告交大型活动组织者。

第十七条　大型活动组织者可在实现碳中和之后向社会做出公开声明。声明应包括以下内容：

（一）大型活动名称。

（二）大型活动组织者名单。

（三）大型活动举办时间。

（四）大型活动温室气体核算边界和排放量。

（五）碳中和的抵消方式及实现碳中和日期。

（六）碳中和结果的确认方式。

（七）评价机构的名称及评价结论（如有）。

（八）声明组织（人）和声明日期。

第五章　术语解释

第十八条　温室气体是指大气层中自然存在的和人类活动产生的，能够吸收和散发由地球表面、大气层和云层所产生的、波长在红外光谱内的辐射的气态成分，包括二氧化碳（CO_2）、甲烷（CH_4）等。

第十九条　本指南所称碳配额，是指在碳排放权交易市场下，参与碳排放权交易的单位和个人依法取得，可用于交易和碳市场重点排放单位温室气体排放量抵扣的指标。1个单位碳配额相当于1吨二氧化碳当量。

第二十条　本指南所称碳信用，是指温室气体减排项目按照有关技术标准和认定程序确认减排量化效果后，由政府部门或国际组织签发或其授权机构签发的碳减排指标。碳信用的计量单位为碳信用额，1 个碳信用额相当于 1 吨二氧化碳当量。

第二十一条　本指南所称碳普惠，是指个人和企事业单位的自愿温室气体减排行为依据特定的方法学可以获得碳信用的机制。

附1

推荐重点识别的大型活动排放源及对应的核算标准及技术规范

排放类型	排 放 源	核算标准及技术规范
化石燃料燃烧排放	固定源：大型活动场馆及服务于大型活动的工作人员办公场所内燃烧化石燃料的固定设施。如锅炉、直燃机、燃气灶具等	国家发展改革委办公厅关于印发第三批10个行业企业温室气体核算方法与报告指南（试行）的通知（发改办气候〔2015〕1722号）中"公共建筑运营单位（企业）温室气体排放核算方法与报告指南（试行）"
	移动源：服务于大型活动的燃烧消耗化石燃料的移动设施。如使用化石燃料的公务车等	国家发展改革委办公厅关于印发第三批10个行业企业温室气体核算方法与报告指南（试行）的通知（发改办气候〔2015〕1722号）中"陆上交通运输企业温室气体排放核算方法与报告指南（试行）"
净购入电力、热力排放	大型活动净购入电力、热力消耗产生的二氧化碳排放	国家发展改革委办公厅关于印发第三批10个行业企业温室气体核算方法与报告指南（试行）的通知（发改办气候〔2015〕1722号）中"公共建筑运营单位（企业）温室气体排放核算方法与报告指南（试行）"
	服务于大型活动的电动车等移动设施。如电动公务车	国家发展改革委办公厅关于印发第三批10个行业企业温室气体核算方法与报告指南（试行）的通知（发改办气候〔2015〕1722号）中"陆上交通运输企业温室气体排放核算方法与报告指南（试行）"
交通排放	会议组织方和参与方等相关人员为参加会议所产生的交通活动。如飞机、高铁、地铁、出租车、私家车等	1. 联合国政府间气候变化专门委员会于2006年发布的《国家温室气体清单指南》（2006IPCC *Guidelines for National Greenhouse Gas Inventories*） 2. 英国环境、食品和农村事务部于2012年发布的《关于企业报告温室气体排放因子指南》（Defra/DECC，2012）
住宿餐饮排放	会议参与者的住宿、餐饮等相关活动	1. 国际标准化组织于2018年发布的《组织层级上对温室气体排放和清除的量化和报告的规范及指南》（ISO14064–1：2018） 2. 英国环境、食品和农村事务部于2012年发布的《关于企业报告温室气体排放因子指南》（Defra/DECC，2012）
会议用品隐含的碳排放	会议采购的其他产品或原料、物料供应的排放	1. 国际标准化组织于2018年发布的《组织层级上对温室气体排放和清除的量化和报告的规范及指南》（ISO14064–1：2018） 2. 英国环境、食品和农村事务部于2012年发布的《关于企业报告温室气体排放因子指南》（Defra/DECC，2012）
废弃物处理产生的排放	垃圾填埋产生的甲烷排放	国家发展改革委办公厅关于印发省级温室气体清单编制指南（试行）的通知（发改办气候〔2011〕1041号）
	垃圾焚烧产生的二氧化碳排放	国家发展改革委办公厅关于印发省级温室气体清单编制指南（试行）的通知（发改办气候〔2011〕1041号）

备注：

　①根据大型活动的实际特点，其温室气体排放源可不限于本表所列温室气体排放源；

　②新建林业项目的碳汇量核定依据为《碳汇造林项目方法学》（AR-CM-001-V01）等由应对气候变化主管部门公布的造林/再造林领域温室气体自愿减排方法学。

附 2

大型活动碳中和评价报告编写提纲

1　概述

1.1　审核目的

1.2　审核范围

1.3　审核准则

2　审核过程和方法

2.1　核查组安排

2.2　文件审核

2.3　现场访问

3　审核发现

3.1　受评价的大型活动的基本信息

3.2　受评价的大型活动与碳中和实施指南的符合性

3.3　受评价的大型活动碳中和评价结果

4　参考文件清单

三、中国林业和草原应对气候变化主要文件

应对气候变化林业行动计划

第一部分 导言

自 20 世纪 70 年代以来，以变暖为主要特征的全球气候变化[①]问题受到了国际社会的日益关注，成为当今国际政治、经济、环境和外交领域的热点问题。

2007 年，政府间气候变化专门委员会[②]（以下简称 IPCC）正式发布了全球气候变化第四次评估报告，再次用大量数据证实：全球气候变化是一个不争的事实。未来 100 年，全球气候还将持续变暖，将对自然生态系统和人类生存产生巨大影响。导致全球气候变暖的因素包括自然和人为两大类，但主要是由于工业革命以来，人类大量使用化石能源、毁林开荒等行为，向大气中过量排放二氧化碳等温室气体[③]，导致大气中二氧化碳等温室气体浓度不断增加、温室效应不断加剧的结果。根据 IPCC 气候变化第四次评估报告：全球大气中二氧化碳浓度已从工业化前的 280ppm[④]增加到了 2005 年的 379ppm，导致全球气温在过去 100 年里约增加了 0.74℃，造成海平面上升、山地冰雪融化、降雨量分布和频率及强度发生显著变化、极端天气事件不断增加，并对全球自然生态系统和人类社会可持续发展构成了严重威胁。如果不采取有效措施控制温室气体排放，大气中温室气体浓度将会继续上升，这将使全球平均温度到 2100 年上升 1.4~5.8℃，给全球自然生态系统和人类生存与发展带来不可逆转的影响[⑤]。

全球气候变暖也正在对我国产生明显影响。气象观测数据表明：近百年来，我国地表平均气温升高了 0.5~0.8℃。尤其是近 50 年来，我国地表平均气温约增加了 1.1℃，每 10 年约增加 0.22℃，明显高于全球或北半球同期平均地表气温的增温幅度。20 世纪 50 年代以来，我国沿海地区的海平面每年上升 1.4~3.2 毫米，渤海和黄海北部冰情等级下降，西北冰川面积减少了 21%，西藏冻土减薄达 4~5 米，一些高原内陆湖泊水面升高，青海和甘南牧区草地产草量下降。20 世纪 80 年代以来，我国春季物候期提前了 2~4 天，北方干旱受灾面积扩大，南方洪涝加重，海南和广西海域近年来还出现了珊瑚白化现象等[⑥]。

注：《应对气候变化林业行动计划》由国家林业局于 2009 年 11 月发布。

① 《联合国气候变化框架公约》定义的气候变化是指：除在类似时期内所观测的气候的自然变异之外，由于直接或间接的人类活动改变了地球大气的组成而造成的气候变化。

② 政府间气候变化专门委员会（IPCC）是 1988 年由世界气象组织（WMO）和联合国环境规划署（UNEP）共同成立的政府间组织，其作用是在全面、客观、公开和透明的基础上，对全球气候变化进行评估。

③ 可导致大气增温的气体统称温室气体，温室气体种类很多。在《联合国气候变化框架公约》下，目前主要将二氧化碳（CO_2）、甲烷（CH_4）、氧化亚氮（N_2O）、氢氟碳化物（HFCs）、全氟化碳（PFCs）、六氟化硫（SF_6）列为管制的温室气体。其中，以二氧化碳为主。

④ ppm 指百万分之一。

⑤ 参考 IPCC 气候变化第四次评估报告有关内容。

⑥ 参考《气候变化国家评估报告》，科学出版社。

　　为了维护全球生态安全和人类经济社会可持续发展，必须从减缓和适应两个方面积极应对全球气候变暖。减缓主要是指在工业、能源等生产过程中，采取提高能效、降低能耗等措施减少温室气体排放，或者通过发展和保护森林等措施增加对温室气体的吸收，以降低大气中温室气体浓度，减缓全球气候变暖趋势。适应主要是指主动采取措施，增强自然生态系统和人类对气候变暖的适应能力，防止或减少气候变暖的不利影响。

　　作为发展中国家，我国不承担温室气体量化减排任务。但我国政府深刻认识到，应对全球气候变化、维护全球生态安全，是全人类的共同责任；控制和减少温室气体排放符合建设资源节约型、环境友好型和低耗能、低排放社会的长远发展目标，也是落实科学发展观、实现经济社会可持续发展的内在要求。

　　多年来，我国政府十分重视应对气候变化工作。早在 1990 年 2 月，国务院就专门成立了气候变化对策协调小组，负责协调、制定与气候变化相关的政策和措施，协调小组办公室日常工作由中国气象局承担。1998 年后，国务院对气候变化对策协调小组进行了调整，协调小组办公室日常工作改由国家发展和改革委员会承担，负责制定国家应对气候变化的重大战略、方针和政策，协调解决应对气候变化工作中的重大问题。2007 年再次调整，成立了国家应对气候变化及节能减排工作领导小组，温家宝总理任组长，国家发展和改革委员会仍承担领导小组办公室日常工作。目前，应对气候变化工作涉及国内 20 个部门和单位。

　　为切实履行《联合国气候变化框架公约》（以下简称《公约》）义务，向国际社会阐明我国应对气候变化的政策主张，2007 年 6 月，国务院发布了《中国应对气候变化国家方案》（以下简称《国家方案》）。《国家方案》提出了林业增加温室气体吸收汇、维护和扩大森林生态系统整体功能、构建良好生态环境的政策措施。在《国家方案》公布后不久，就召开了国家应对气候变化及节能减排工作领导小组会议，对贯彻落实《国家方案》进行了总体部署，对各地各部门贯彻落实《国家方案》提出了具体要求。2007 年，胡锦涛主席在第 15 次亚太经济合作组织（以下简称 APEC）会议上，提出了建立"亚太森林恢复与可持续管理网络"的重要倡议，被国际社会誉为应对气候变化的"森林方案"。国家林业局积极行动，于2007 年 7 月成立了国家林业局应对气候变化和节能减排工作领导小组及其办公室，积极开展工作，并着手组织编制《应对气候变化林业行动计划》（以下简称《林业行动计划》），以贯彻落实《国家方案》中赋予林业的任务，指导各级林业部门开展应对气候变化相关工作。

第二部分　林业与气候变化

一、森林在应对全球气候变化中具有独特作用

　　森林是陆地最大的储碳库和最经济的吸碳器。据 IPCC 估算：全球陆地生态系统中贮存了约 2.48 万亿吨碳，其中 1.15 万亿吨碳贮存在森林生态系统中。森林通过光合作用吸收二氧化碳，放出氧气，把大气中的二氧化碳固定在植被和土壤中，这个过程被称为碳汇。科学研究表明：林木每生长 1 立方米，平均约吸收 1.83 吨二氧化碳，放出 1.62 吨氧气。全球森林对碳的吸收和储量占全球每年大气和地表碳流动量的 90%。森林的碳汇功能

和其他许多重要的生态功能一样，对维护全球生态安全、气候安全发挥着重要作用。

森林锐减是导致全球气候变化的重要因素之一。全球气候变暖主要是大气中二氧化碳等温室气体浓度升高导致温室效应的结果。大气二氧化碳浓度升高，有两个主要原因，一是大规模燃烧化石能源，排放二氧化碳；二是全球森林锐减，释放二氧化碳。目前，全球森林已从人类文明初期的约 76 亿公顷减少到 38 亿公顷。联合国《2000 年全球生态展望》指出，全球森林减少了 50%。现在，森林减少的趋势仍在继续。联合国粮食与农业组织（以下简称 FAO）的报告显示：2000—2005 年间，全球年均毁林①面积为 730 万公顷。

恢复和保护森林是缓解全球气候变化最根本的措施之一。IPCC 在 2007 年发布的第四次全球气候变化评估报告中指出：与林业相关的措施，可在很大程度上以较低成本减少温室气体排放并增加碳汇，从而缓解气候变化。围绕《京都议定书》第二承诺期谈判，许多国家和国际组织都在积极倡导通过恢复和建设森林生态系统，来缓解气候变化。

同时，气候变化又严重影响了森林。森林生长自始至终受到光照、温度、水分和风等自然因素的影响，这些因素都和气候有着紧密联系。因此，需要积极提高森林适应气候变化的能力，减少气候变化对森林的不利影响，维持森林良好的生态功能。

二、我国林业建设成就及对减缓全球气候变化的贡献

我国政府历来高度重视发展和保护森林。自 1978 年以来，先后在三北（东北、西北、华北）、沿海、平原、长江中上游、太行山、京津周围、淮河和太湖流域、珠江流域、辽河流域等地区实施了一系列区域性防护林体系建设工程。1998 年调整林业发展布局后，启动试点并相继实施了天然林保护、退耕还林、京津风沙源治理、三北和长江等地区防护林建设、速生丰产林基地建设以及野生动植物保护六大工程。截至 2008 年，六大工程完成造林面积 5153.74 万公顷（含封山育林 1475.38 万公顷）。总投资 2781.26 亿元，其中，国家投资 2416.36 亿元②。1981 年以来，我国持续开展了全民义务植树运动。截至 2008 年底，全国共有 115.2 亿人次义务植树 538.5 亿株，城市绿化覆盖率由 1981 年的 10.1% 提高到 35.29%，人均公共绿地面积由 3.45 平方米提高到 8.98 平方米，促进了城乡绿化，改善了人居环境③。

为了保护森林，我国先后出台了 9 部林业法律、15 部林业行政法规、43 部林业部门规章、300 余件地方性法规规章，形成了以《森林法》、《野生动物保护法》、《防沙治沙法》为核心的森林资源保护法律体系和以林政管理为主体，资源监测、监督为两翼的森林资源管理体系。多次实施了打击乱砍滥伐、乱征乱占林地、湿地等违法犯罪行为的专项行动。2001—2008 年，全国共查处各种破坏森林资源案件 331.7 万起。同时，还加大了对森林火灾和病虫害的防控和自然保护区建设力度。目前，全国已建有各种类型自然保护区

---

① 《公约》下所涉及的毁林是指有林地转化为非林业用地的情况。如林地转化为农地、牧地或城市基础设施建设用地等。

② 引自《中国林业统计年鉴（2008）（国家林业局）》，中国林业出版社。

③ 引自《2008 年中国国土绿化状况公报》，全国绿化委员会办公室 2009 年 3 月 11 日发布。

2531 个，占国土面积的 15.2%①。

通过采取一系列发展和保护森林资源的措施，我国森林面积和蓄积量实现了持续增长。据第六次全国森林资源清查（1999—2003 年）：我国森林面积已达 1.75 亿公顷，森林覆盖率为 18.21%，占世界森林面积的 4.5%，列世界第五；森林蓄积量 124.56 亿立方米，占世界总量的 3.2%，列世界第六。人工林保存面积 0.54 亿公顷，约占全球人工林总面积的 1/3，居世界首位②。

我国林业建设成就得到了国际社会的广泛认可。据 FAO《2005 世界森林资源状况》评估报告：2000—2005 年，在全球森林资源继续呈减少趋势的情况下，亚太地区森林面积出现了净增长。其中，中国森林资源的增长在很大程度上抵消了其他地区的高采伐率③。FAO《2009 世界森林资源状况》评估报告再次肯定了中国森林资源持续增长的成就④。

我国森林面积和蓄积量的持续增长，在增加我国木材自给和改善我国生态环境的同时，也吸收固定了大量的二氧化碳。据专家估算：1980—2005 年，我国通过持续不断地开展植树造林和森林管理活动，累计净吸收二氧化碳 46.8 亿吨，通过控制毁林，减少二氧化碳排放 4.3 亿吨，两项合计 51.1 亿吨⑤，对减缓全球气候变暖作出了重要贡献。

森林碳储量反映了森林生态系统吸收固定二氧化碳的总体情况。不同估算方法会导致估算结果有较大差异。方精云院士等利用 1977—2003 年全国森林资源清查数据进行分析表明：自 20 世纪 70 年代末以来，我国森林植被碳库呈现显著增加趋势，单位面积的森林碳密度已由 20 世纪 80 年代初期每公顷 36.9 吨碳增加到 2003 年的 41 吨碳。

对我国森林碳汇未来变化趋势的研究结果虽然因研究方法不同而有差异，但总体趋势是：从 1990—2050 年期间，我国森林的碳储量将会逐步增加。

三、我国林业减缓气候变化途径和潜力初步分析

林业在减缓气候变化中的作用主要是通过增汇、减排、储存、替代四个途径来实现。具体措施包括通过植树造林、植被恢复、可持续经营森林措施增加森林碳吸收；通过合理控制采伐、减少毁林、防控森林火灾与病虫害，减少源自森林的碳排放；通过增加木质林产品使用，延长木材使用寿命，扩大木质林产品碳储量；利用木质林产品和林木果实，转化为能源以部分替代化石能源，如森林采伐和加工剩余物能源化利用、林木果实转化生物柴油等，将有助于减少化石能源使用量，从而减少碳排放。我国发展林业生物质能源具有较大潜力，应积极开发和利用。

（一）通过植树造林，扩大森林面积，增加碳汇。与主要发达国家和一些发展中国家相比，我国森林覆盖率较低。我国尚有 0.57 亿公顷宜林荒山荒地、0.54 亿公顷左右的宜林沙荒地、相当数量的 25 度以上的陡坡耕地和未利用地都可用于植树造林。同时，通过提

① 参考《中国林业发展报告》（2001—2008）（国家林业局主编）有关部分，中国林业出版社。
② 参考《我国森林资源》雷加富主编，中国林业出版社。
③ 《2005 世界森林资源状况》，FAO。
④ 《2009 世界森林资源状况》，FAO。
⑤ 引自《中国应对气候变化国家方案》。

高现有林地使用率，发展农田林网等途径，扩大我国森林面积尚有较大空间。根据《中共中央　国务院关于加快林业发展的决定》中所确定的林业中长期发展目标，到 2050 年，我国森林覆盖率将由现在的 18.21% 提高到 26% 以上。届时，森林碳储量将会得到较大提高。

（二）通过提高现有森林质量增加碳汇。我国现有森林资源平均蓄积量约为每公顷 84 立方米，每公顷林分年均生长量约为 3.55 立方米，大多数森林属于生物量密度较低的人工林和次生林。专家分析：我国现有森林植被资源的碳储量只相当于其潜在碳储量的 44.3%。因此，通过合理调整林分结构，强化森林经营管理，在现有基础上，完全有可能将单位面积林分生长量提高 1 倍以上，从而大大增加现有森林植被的碳汇能力。

（三）通过加强森林保护，减少森林碳排放。首先，通过严格控制乱征乱占林地等毁林活动，减少源自森林的碳排放。我国历次森林资源清查结果表明：我国每年因乱征乱占林地而丧失的有林地面积约 100 万公顷左右。因此严格控制乱征乱占林地等毁林行为，对控制碳排放具有较大潜力。同时，在森林采伐作业过程中，通过采取科学规划、低强度的作业措施，保护林地植被和土壤，可减少因采伐对地被物和森林土壤的破坏而导致的碳排放。其次，发生森林火灾和病虫害都会导致储存在森林生态系统中的碳在短时间内释放到大气中。因此，通过强化对森林中可燃物的有效管理，建立森林火灾、病虫害预警系统等措施，有效控制森林火灾和病虫害发生频率和影响范围，减少森林碳排放。

（四）通过保护湿地和控制林地水土流失，减少温室气体排放。首先，湿地土壤中储存着大量的有机碳，若遭受破坏，其储存的有机碳就会分解，并向大气中排放二氧化碳等温室气体。我国现有 100 公顷以上的各类湿地总面积 3848 万公顷。由于经济社会发展，大量湿地退化或被占用。加大湿地保护力度，可以减少因湿地破坏而导致的温室气体排放。其次，森林土壤中也储存了大量有机碳，约占整个森林生态系统碳储量 60% 以上。通过加大生物措施，控制林地水土流失，有助于保护林地土壤，促进和加速森林土壤发育，促使非森林土壤转化为森林土壤，提高森林土壤固碳能力。

（五）通过发展林木生物质能源替代化石能源，减少碳排放。林木生物质原料通过直接燃烧、木纤维水解转化为乙醇、热解气化以及利用油料能源树种的果实生产生物柴油等途径，都可以部分替代化石能源，减少温室气体排放。据统计，我国每年有可以能源化利用的森林采伐和木材加工废弃物 3 亿多吨，如果全部利用，约可替代 2 亿吨标准煤。同时，利用现有宜林荒山荒地和盐碱地、矿山复垦地等难利用地，还可定向培育一部分能源林，扩大林木生物质替代化石能源的比例，有利于减少我国温室气体排放总量。

（六）通过增加木材使用、延长使用寿命，增加木质林产品碳储量。木材在生产和加工过程中所耗能源，大大低于制造铁、铝等材料导致的温室气体排放。用木材部分替代能源密集型材料，不但可以增加碳贮存，还可以减少使用化石能源生产原材料所产生的碳排放。研究表明：用 1 立方米木材替代等量水泥、砖等材料，约可减排 0.8 吨二氧化碳当量，还节约了能源，又减少污染。木制品只要不腐烂、不燃烧，都是重要碳库。专家初步测算：从 1961 到 2004 年期间，我国木制品碳储量约达 12 亿~18 亿吨二氧化碳当量，这是林业对减缓气候变化的重要贡献。

四、气候变化对我国林业发展的影响

发展林业有助于减缓气候变化；而气候变化会引起温度、湿度、生长季节、降水和蒸发等气候因子的变化，特别是极端天气发生频率的增加，会对林业发展构成现实和潜在影响。根据我国《气候变化国家评估报告》，气候变化对我国森林和林业发展的主要影响是：未来气候的持续变暖，将会对我国森林生态系统稳定性、结构和功能产生不利影响。

从植被分布看，将可能导致我国东部亚热带、温带地区的植被普遍北移，物候期提前，主要造林树种北移，并对生物多样性构成威胁。从森林生产力看，气候变暖虽然可能会使我国森林生产力呈现不同程度的增加，但不会改变我国森林生产力目前的地理分布格局。热带、亚热带大部分地区的森林生产力增幅只有1%；寒温带和西南亚高山林区森林生产力增幅可达10%；而暖温带、温带森林生产力增幅可能在2%~8%之间。从动植物生境看，一些珍稀树种如秃杉、珙桐的分布区和大熊猫、滇金丝猴、藏羚羊等濒危野生动物栖息地将缩小，一些适应能力差的物种将加速灭绝。从森林灾情看，气候变化会导致我国区域气候特征和规律发生异常变化，加剧森林火灾发生频度和强度，如雷击火发生次数增加，防火期延长，极端火险条件和严重程度加剧等，将直接危害森林生长，并可能破坏森林生态系统结构和功能。同时，气候变暖还会使森林病虫害分布区向北扩大，发生期提前，世代数增加，发生周期缩短，发生范围和危害程度加大。同时，还会加重外来入侵病虫害危害程度，并通过影响病原体存活和变异以及媒介昆虫孳生分布和流行病学特征等，导致带菌者和疾病分布的纬度上移，对野生动物生存繁衍造成不利影响。从旱涝变迁看，在未来气候变暖情形下，我国西部沙漠和草原将可能会略有退缩而被草原和灌丛取代，但气候变暖将加剧冻土退化、冰川退缩和水资源短缺，进一步影响内陆河流。极端干旱和亚湿润干旱区将大幅度增加，全国荒漠化和水土流失总面积将呈扩大趋势。从湿地功能看，气候变暖将导致北方河流断流、湖泊萎缩、水库蓄水量减少、海平面上升，进一步导致湿地面积缩减，功能下降，沿海地区红树林生态系统将受到较大损害。

由于我国森林资源总量不足，随着工业化、城镇化进程加快，在气候变暖情景下，林地、湿地、沙地保护压力加大，将给植树造林和生态恢复带来严重挑战。因此，必须采取有效措施增强森林适应气候变化的能力。森林生态系统适应气候变化能力的提高，也有助于进一步增强森林减缓气候变化的能力。

第三部分　应对气候变化的国际进程与林业

一、应对气候变化国际进程中的林业问题

1992年，在巴西召开了首届联合国环境与发展大会，通过了《公约》，确立了"将大气中温室气体的浓度稳定在防止气候系统受到危险的人为干扰的水平上"的目标。《公约》于1994年正式生效。中国是《公约》缔约方之一。

为了实现《公约》目标，各国都要履行《公约》义务，积极采取减缓和适应措施，不断增强应对气候变化的能力。由于排放到大气中的温室气体主要源自发达国家的历史排放，

本着"共同但有区别的责任"的原则，发达国家缔约方应率先减排。1997 年 12 月，在日本京都召开的《公约》第三次缔约方大会上通过了《京都议定书》，首次以法律形式规定《公约》附件一国家(包括主要工业化国家和经济转轨国家，统称发达国家)在 2008—2012 年期间，要把本国温室气体排放量在 1990 年的基础上平均减少 5.2%。

为了帮助附件一国家完成他们在《京都议定书》中承诺的减排任务，《京都议定书》规定发达国家可借助三种灵活机制来履约，这三种灵活机制是排放贸易、联合履约和清洁发展机制。其中，排放贸易和联合履约实质上是发达国家之间的温室气体排放权交易，而清洁发展机制则是指发达国家可以通过和发展中国家合作开展减排或增汇项目，以获得核证减排量，用于抵消《京都议定书》为发达国家规定的减排量。清洁发展机制的实质是发达国家向发展中国家购买温室气体排放权，要求发达国家要以输入资金和技术转让等形式，在发展中国家施项目，在从发展中国家获得温室气体排放权的同时，要推进发展中国家经济社会可持续发展。

通过林业活动增加碳汇、减少排放，被作为履行《公约》和《京都议定书》的重要措施，在《京都议定书》通过后，各缔约方就如何通过林业活动来帮助发达国家完成减排任务进行了长时间谈判，最终形成了一系列缔约方大会决定。归纳起来，有两种方式：一是发达国家可以利用本国 1990 年以来的相关林业活动产生的碳汇来抵消其 2008—2012 年间的温室气体排放量；二是发达国家可以利用清洁发展机制，购买在发展中国家实施的造林、再造林项目产生的碳汇，以部分抵消其在 2008—2012 年期间的温室气体排放量。按照缔约方大会有关决定，发达国家利用林业碳汇可完成《京都议定书》为本国规定的减排任务的 20%~30%。由于林业碳汇成本较低，大大减轻了发达国家履行《京都议定书》减排承诺的压力。

与此同时，热带地区的一些发展中国家长期以来面临着严重的毁林困扰。IPCC 评估报告表明：全球毁林排放的二氧化碳多于交通部门，是位居能源、工业之后的全球第三大温室气体排放源，约占全球温室气体总排放量的 20% 左右。经过一系列谈判，2007 年底在印度尼西亚巴厘岛召开的《公约》第 13 次缔约方大会，将减少发展中国家毁林和森林退化导致的碳排放等相关内容纳入了《巴厘行动计划》。如何发挥发展中国家林业在减缓气候变化中的重要作用已成为未来全球减缓气候变化共同行动的重要组成部分。

由于林业在应对气候变化中的特殊作用，在应对气候变化的国际进程中，不论是帮助发达国家完成其承诺的量化减排指标，还是进一步推进发展中国家参与减缓全球气候变化行动，林业始终都承担着重要任务。可以预见，这将给林业发展带来诸多挑战和机遇。

二、气候变化给林业发展带来的挑战

(一)气候变化将对我国森林生产力、物种分布和生态系统稳定性产生重要影响。如果不能很好地防控气候变化对森林的不利影响，森林不仅不能起到减缓气候变化的作用，还会加剧气候变暖趋势，进而影响森林自身的健康发展。近年来，气候变暖导致我国许多地区的森林火灾和病虫害发生频率和强度呈加剧趋势，西部干旱和半干旱地区水资源短缺状况日趋严重等。总体上，气候变化将加大我国森林资源保护和发展的难度。

（二）气候变化将加剧土地类型和不同利用方式间的矛盾。研究表明：气候变化可能对我国农业生产布局和结构产生很大影响，导致种植业生产能力下降。在人口数量增加的情况下，将意味着有更多的森林或林业用地面临被毁或征占用于粮食和畜牧业，势必加剧不同土地利用方式间的矛盾，这将加大林业部门管理森林和林地的难度，对通过扩大森林面积增加碳汇构成了制约。

（三）气候变化对全球木质和非木质林产品以及森林生态服务的供给产生影响。大量研究表明：虽然通过林业措施减缓气候变化可带来多重效益，有助于降低减缓气候变化的成本，但也会导致土地利用格局的变化。在应对气候变化背景下，如何平衡森林提供林产品和包括增加碳汇在内的各种生态产品的需求，并为当地林业经营者提供持续有效的激励，就需要对我国现行林业政策、体制和机制进行改革和创新。

（四）随着《公约》谈判进程的不断深入，减少发展中国家毁林和森林退化造成的碳排放等行动将逐步纳入减缓气候变化的范畴，势必增加森林采伐和利用的成本，将在一定程度上加大我国进口木材成本，对我国利用境外森林资源形成制约。这对我国调整完善林业相关政策措施，提高木材自给能力，提出了新要求。

三、应对气候变化给林业带来的发展机遇

（一）IPCC第四次评估报告认为：林业是当前和未来30年乃至更长时期内，技术和经济可行、成本较低的减缓气候变化重要措施，可以和适应形成协同效应，在发挥减缓气候变暖作用的同时，带来增加就业和收入、保护水资源和生物多样性、促进减贫等多种效益。在气候变化大背景下，宣传林业减缓气候变化的作用，有助于促进全社会重新认识森林价值和林业工作的重要性，形成全社会重视林业、发展林业的良好氛围。

（二）《公约》和《京都议定书》下的创新机制，为促进林业发展提供了新机遇。尤其是基于排放权交易的碳市场的产生和发展，有助于对碳排放行为进行市场定价，通过价格机制既能约束排放主体的排放行为，又能降低全球温室气体减排总成本。林业碳汇是全球碳交易的组成部分。通过碳市场，开展碳汇交易，实现林业碳汇功能和效益外部性的内部化。从近期看，有助于将森林生态效益使用者和提供者的利益有机地结合起来，进一步完善生态效益补偿机制。从长远看，则有助于推进林业发展投融资机制的改革和创新。

（三）根据《巴厘行动计划》，减少发展中国家毁林和森林退化导致的碳排放，以及通过森林保护、可持续经营和造林增加碳汇已成为2012年后发展中国家在更大程度上参与减缓气候变化行动的重要内容。发展中国家在这方面能否采取有效行动，将取决于发达国家在多大程度上为发展中国家提供资金和技术支持等。因此，将林业纳入应对气候变化国际和国内进程，将为林业发展提供新的机会。

（四）充分发挥林业在应对气候变化中的作用，不仅涉及造林、森林经营，还涉及通过发展林木生物质能源替代化石能源和利用生物质材料替代化石能源生产的原材料等方面。如利用油料能源林生产的果实榨油可转化为生物柴油；利用定向培育的能源林、林区采伐剩余物、木材加工废料等可直燃发电或供热；利用林木半纤维素转化为乙醇燃料可作为第二代生物燃料；利用木材可直接替代部分化石能源生产砖、钢材、铝材、玻璃等原材料。

这些不仅可以大大降低温室气体排放，也可以为促进林业乃至经济社会可持续发展提供新的增长点。

（五）按照《京都议定书》规定，我国正在积极参与实施清洁发展机制下的造林、再造林项目。这不仅为我国引入了一定数量的造林资金，也为熟悉相关国际规则，开展碳汇计量、监测、核查、交易等提供了经验，有助于增强参与实施碳汇项目的能力，为借助市场机制进一步完善森林生态价值补偿制度，扩大造林绿化资金渠道，加快我国造林绿化步伐提供借鉴。

总之，在气候变化大背景下，林业发展既面临着重大挑战，也面临着战略机遇。气候变化将进一步促进各国政府更多地关注林业，加快林业管理制度改革和林业发展机制创新。主动抓住机遇，积极应对挑战，将给各国林业发展带来新动力。

第四部分　林业应对气候变化的指导思想、基本原则和主要目标

一、指导思想

以科学发展观为指导，按照《国家方案》提出的林业应对气候变化的政策措施，结合林业中长期发展规划，依托林业重点工程，扩大森林面积，提高森林质量，强化森林生态系统、湿地生态系统、荒漠生态系统保护力度。依靠科技进步，转变增长方式，统筹推进林业生态体系、产业体系和生态文化体系建设，不断增强林业碳汇功能，增强我国林业减缓和适应气候变化的能力，为发展现代林业、建设生态文明、推动科学发展作出新贡献。

二、基本原则

（一）坚持林业发展目标和国家应对气候变化战略相结合。确定林业发展目标要充分考虑国家应对气候变化战略，把增强林业经济、生态和社会功能与增强森林减缓和适应气候变化的能力有机统一起来。在制定各级应对气候变化战略和政策中，将林业作为重要措施加以重视和支持。

（二）坚持扩大森林面积和提高森林质量相结合。一方面要继续通过扩大森林面积，加大退化湿地恢复和沙化土地的治理力度，增加林业碳汇；另一方面，要努力提高单位面积森林的年生长量和固碳能力，通过科学经营森林，将生物量和碳密度较低的林分，逐步转变为生物量和碳密度较高的林分，全面增强我国现有森林的固碳能力和相关的综合效益。

（三）坚持增加碳汇和控制排放相结合。既要通过扩大森林面积，加大退化湿地恢复和沙化土地的治理力度，以及提高现有森林质量，增加林业碳汇，又要积极采取措施，保护森林、湿地和荒漠生态系统的资源，防止森林、湿地和荒漠生态系统遭受破坏而导致储存在这些生态系统中的碳被重新排放到大气中。

（四）坚持政府主导和社会参与相结合。既要发挥政府在推进林业发展中的主导地位，又要继续坚持全民参与、全社会办林业的做法。通过多种形式，调动企业、团体、组织和个人积极参与植树造林和保护森林、增加碳汇等应对气候变化的行动。

（五）坚持减缓与适应相结合。既要通过增加森林碳汇、减少森林碳排放来增强林业减

缓气候变化的作用，又要高度重视林业适应气候变化的能力，将适应作为增强林业减缓气候变化的基础加以重视，使林业减缓和适应气候变化之间形成协同效应。

三、主要目标

（一）总体目标。推进宜林荒山荒地造林，扩大湿地恢复和保护范围，加快沙化土地治理步伐。继续实施好天然林保护、退耕还林、京津风沙源治理、速生丰产用材林、防护林体系建设工程和生物质能源林基地建设；努力扩大森林面积，增强我国森林碳汇能力；重视和加强森林可持续经营，提高单位面积林地的生产力，增强单位面积森林的年生长量和固碳能力；采取有力措施，加大森林火灾、森林病虫害、野生动物疫源疫病防控力度，合理控制森林资源消耗，打击乱砍滥伐和非法征占用林地和湿地行为，切实保护好森林、荒漠、湿地生态系统和生物多样性，减少林业排放。积极强化林业生产中的适应性管理措施，努力提高林业适应气候变化能力，充分发挥林业在应对气候变化国家战略中的作用。

（二）阶段目标。分三个阶段性目标[①]：

1. 从现在起到 2010 年，年均造林（含封山育林）面积 400 万公顷[②]以上，全国森林覆盖率达到 20%，森林蓄积量达到 132 亿立方米。生态环境特别恶劣的黄河、长江上中游水土流失重点地区以及严重荒漠化地区的治理初见成效，国家重点公益林保护面积达到 0.51 亿公顷，50% 的自然湿地得到有效保护，人工林良种使用率达到 50%。届时，森林碳汇能力将得到较大增长。

2. 2011—2020 年，年均造林（含封山育林）面积 500 万公顷以上，全国森林覆盖率增加到 23%，森林蓄积量达到 140 亿立方米。新增沙化土地治理面积占适宜治理面积的 50% 以上，约 1.1 亿公顷国家重点公益林得到有效保护，60% 以上的自然湿地得到良好保护，人工林良种使用率达到 65%。实现 2020 年森林面积比 2005 年增加 4000 万公顷，森林蓄积量比 2005 年增加 13 亿立方米的目标。届时，我国森林生态系统整体固碳功能将进一步增强，森林碳汇能力将得到进一步提高。

3. 到 2050 年，比 2020 年净增森林面积 4700 万公顷，森林覆盖率达到并稳定在 26% 以上，典型生态系统得到良好保护，适宜治理的沙化土地基本得到治理，全国自然湿地得到有效保护、恢复和合理利用，全国人工林基本实现良种化，林业发展重点转向全面开展森林可持续经营阶段，森林碳汇能力保持相对稳定。

第五部分　林业应对气候变化的重点领域和主要行动

为了充分发挥林业在应对气候变化中的独特作用，根据我国林业可持续发展战略、林业中长期发展规划以及《国家方案》对林业发展的总体要求，从提高林业减缓和适应气候变化两个方面确定了以下重点领域和主要行动。

---

① 参考《我国可持续发展林业战略研究总论》和《林业发展"十一五"和中长期规划》相关部分。

② 参考 1999—2003 年第六次全国森林资源清查结果。

一、林业减缓气候变化的重点领域和主要行动

领域一：植树造林

行动1：大力推进全民义务植树。各级政府要继续按照全国人大《关于开展全民义务植树运动的决议》和国务院《关于开展全民义务植树运动的实施办法》，把开展好全民义务植树纳入重要议事日程，层层落实领导责任制。要认真落实属地管理制度，强化乡镇政府和城市街道办事处组织实施义务植树的职能，确保适龄公民履行义务。要加强对各部门、各单位履行义务情况的检查和监督，探索和丰富义务植树活动的实现形式，努力提高全民义务植树尽责率。要进一步调动各部门、各单位和社会各界参与造林绿化的积极性，重点抓好城市、绿色通道、村庄和校园绿化工作。

行动2：实施重点工程造林，不断扩大森林面积。天然林保护工程要切实巩固现有建设成果，继续限制项目区内天然林的商品性采伐，加强项目区内宜林荒山荒地造林，对现有天然林实施全面有效保护。

退耕还林工程要进一步加强检查验收、政策兑现、确权发证、效益监测和后期管护工作，落实基本农田建设和相关成果巩固配套政策，搞好工程质量评价，在巩固工程建设成果的基础上稳步有序推进。

京津风沙源治理工程要加强项目区内荒山荒地造林和沙化土地治理，大力推广先进实用技术与治理模式，认真执行禁止滥开垦、滥放牧、滥樵采制度，加强林分抚育和管护工作，切实巩固工程治理成果。

"三北"防护林工程要突出防沙治沙和水土流失治理，构建完善的"三北"地区农田防护林体系，重点抓好区域性防护林体系和示范区建设，进一步调动全社会力量，努力建设生态经济型防护林体系，构筑稳固的北方地区生态屏障。

长江、珠江、沿海防护林和太行山、平原绿化工程要根据不同区域的治理要求采取不同措施。长江防护林要加强对鄱阳湖、洞庭湖流域和三峡、丹江口库区水土流失治理，搞好低效林改造，巩固建设成果；珠江防护林要突出石漠化治理，加大封山育林力度，建设高效水源涵养林和水土保持林；沿海防护林要以现有森林资源为基础，进一步拓宽和完善沿海基干林带，重点加强红树林保护、恢复和管理力度，力争实现全面恢复和保护沿海红树林区及其湿地环境，提高沿海地区抵御海洋灾害的能力，最大限度地减少海平面上升造成的社会影响和经济损失；太行山绿化要着眼于建设华北平原的生态屏障，搞好河源区水源涵养林建设和保护；平原绿化要重点建设华北、东北等平原地区的高标准农田防护林，加快村屯绿化、四旁植树、平原农田林网更新改造步伐，抓好绿色通道工程建设。

重点地区速生丰产林基地建设工程要积极鼓励林产加工等用材企业发展原料林基地，建立大径材培育基地和竹林培育基地，推动林纸、林板一体化建设。构建速生丰产用材林绿色产业带及国家木材储备基地。组织编制和落实省级工程建设规划，完善速丰林技术标准，提高工程建设质量。逐步增强人工用材林的碳汇能力。

行动3：加快珍贵树种用材林培育。在适宜地区，结合工业原料林基地、天然林保护和退耕还林工程，积极建立珍贵树种用材林培育基地。针对天然林中的珍贵树种资源进行

高效栽培和可持续利用，有目的地培育珍贵天然用材林和其他用途的森林资源。优化珍贵树种用材林培育技术，选择优良林型，合理调控林分密度，优化林分结构，提高林分光能利用率和林分生产力。

领域二：林业生物质能源

行动4：实施能源林培育和加工利用一体化项目。尽快实施《全国能源林建设规划》。一是要充分利用山区、沙区等边际土地和宜林荒地，大力发展小桐子、黄连木、文冠果、光皮树等木本油料树种，建设一批以生产生物柴油为目的的油料能源林示范基地，重点抓好与中国石油天然气集团公司等合作的生物质能源项目。二是要充分利用退耕还林、防沙治沙工程发展起来的灌木资源，以及主伐、间伐、木材加工剩余物，加工成用于直燃发电或供热的高效固体成型燃料。三是要积极支持开发生物质能高效转化发电技术、定向热解气化技术和液化油提炼技术，逐步形成原料培育、加工生产、市场销售、科技开发的"林能一体化"格局。

领域三：森林可持续经营

行动5：实施森林经营项目。以提高现有森林年生长量为目标，制定和实施"人工商品林经营规划"。以提高森林生态功能为目标，制定和实施"全国重点公益林经营规划"。在国家和省级层面上，重点落实分区施策、分类管理，按照不同自然、地理特点和经济状况进行区划，合理划定公益林和商品林。针对不同区域、不同类型森林采取相应的管理政策。在县级层次上，重点开展森林经营规划，明确各类森林培育方向和经营模式。在经营单位层面上，重点编制和实施森林经营方案，将不同经营措施落实到山头地块，把主要经营任务落实到年度。在林分经营层面上，充分运用现代森林经营技术和手段，最大限度地提高林地生产力，使不同林分的目标效益最大化。在实施森林可持续经营项目中，要建设一批示范点，探索不同条件下的森林经营模式，积极推广森林可持续经营指南，建立符合我国林业发展特点的森林可持续经营指标体系。认真执行《森林经营方案编制与实施管理办法》和《生态公益林抚育技术规程》等技术规定，强化森林健康理念，不断提高森林生态系统的抗逆性和稳定性，充分发挥现有森林资源的碳汇潜力。

行动6：扩大封山育林面积，科学改造人工纯林。封山育林是一种成本较低、活动过程中温室气体排放较低的森林恢复方式。要尽可能地扩大封山育林面积，加快次生林恢复的进程。要加强对现有人工林的经营管理，对人工纯林进行适度的"抽针补阔"，逐步解决"过密、过疏、过纯"问题。尽可能避免长期在相同的立地上多代营造针叶纯林。要根据未来气候变化情景，尽量避免在我国气候带交错区域营造大面积人工纯林，努力增强人工纯林抗御极端和灾害性天气的能力。

领域四：森林资源保护

行动7：加强森林资源采伐管理。严格执行林木采伐限额制度，对公益林和商品林采伐实行分类管理。公益林要完善森林生态效益补偿基金制度，确保稳定高效地发挥其生态效益。商品林尤其是速生丰产用材林和工业原料林，要依法放活和优先满足其采伐指标。要修订《森林采伐更新管理办法》和相关采伐作业规程，促进森林资源利用管理的科学化和法制化。要在科学区划的基础上，针对不同区域，按照林业发展布局和森林主体功能要求，实行不同的采伐管理模式，将森林采伐管理与分区施策以及森林经营方案结合起来，做到有效保护和科学经营森林资源。

行动8：加强林地征占用管理。科学编制"林业发展区划"和"全国林地保护利用规划纲要"，明确不同区域林业发展的战略方向、主导功能和生产力布局。强化林地保护管理，把林地与耕地放在同等重要位置，采取最严格的保护措施，建立和完善林地征占用定额管理、专家评审、预审制度。实施林地保护利用规划和林地用途管制。严格执行征占用林地的植被恢复制度，做到林地占补平衡。最大限度地减少林地征占用造成的碳排放。

行动9：提高林业执法能力。逐步建立起权责明确、行为规范、监督有效、保障有力的林业行政执法体制，充分发挥各级林业主管部门及其森林公安、林政稽查队、木材检查站、林业工作站以及广大护林员队伍的作用，加强森林资源保护。要加大执法力度，依法严厉打击各类破坏森林资源的违法行为。对森林资源管理混乱、破坏严重的地区，要定期或不定期地开展专项整治行动。对一些重大、典型案件要一查到底，决不姑息。

行动10：提高森林火灾防控能力。坚持"预防为主、积极消灭"的原则，采取综合措施，全面提升森林火灾综合防控水平，最大限度地减少森林火灾发生次数，降低火灾损失。认真贯彻落实《森林防火条例》，加强以森林防火指挥为核心的应急管理组织体系建设。组织实施《全国森林防火中长期发展规划》，改善森林防火装备和基础设施建设水平，大力加强森林消防专业队伍建设，加快生物防火隔离带建设步伐，提高火灾应急处置能力。加强火险预报，建立森林火险预警体系和分级响应机制。加强防火宣传、火源管理、隐患排查等防范措施，不断提高全民防火意识，减少人为火灾的发生，推动森林防火由盲目设防、应急扑救为主向主动设防、有准备扑救的转变，实现"打早、打小、打了"。加大对森林防火新技术、新装备的研发引进力度，逐步扩大灭火飞机、全道路运兵车等大型灭火装备的应用范围，增强森林大火的扑救能力。加强与周边国家的联系与协商，建立突发自然火灾紧急互助机制。

行动11：提高森林病虫鼠兔危害的防控能力。坚持"预防为主、科学防控、依法治理、促进健康"的方针，做好森林病虫鼠兔危害的防治工作。修订《森林病虫害防治条例》。加强和完善应急管理和对松材线虫病、美国白蛾、椰心叶甲、红脂大小蠹、松突圆蚧、杨树蛀干害虫等重要外来有害生物和有重要影响的本土病虫害的除治。制定和实施全国林业有害生物防治2008—2015年建设规划。全面加强森林病虫鼠兔危害的监测预报工作以及1000个国家级中心测报点的建设和管理。加强和国家气象主管部门的合作，增强监测预报的科学性、时效性和准确性。加强森林病虫害的检疫执法，与海关部门密切合作，严防外来有害生物的入侵。

领域五：林业产业

行动12：合理开发和利用生物质材料。要抓好生物质新材料、生物制药等开发和利用工作。制订生物质材料开发利用规划。落实《林业产业政策要点》，避免低水平重复，控制高耗能高污染企业，促进林业循环经济发展。要在巩固木材传统应用领域的基础上，通过木质产品性能改良，积极扩大木材在建筑、包装、运输和能源等领域的应用，大力发展木质结构材。在乡村、城郊和风景区等土地资源相对丰富区域，积极推进木结构房屋的建设。大力发展性能优良的木质人造板，积极扩大木材特别是竹材在建筑门窗、墙体材料、建筑模板、集装箱底板等方面的应用。拓展木材产品应用范围，适度倡导以木材产品部分替代化石能源产品。

行动13：加强木材高效循环利用。积极推进木材工业"节能、降耗、减排"和木材资源高效、循环利用，大力发展木材精加工和深加工业。针对不同树种、不同树龄、不同部位的材性差异，采取不同加工利用技术，发挥木材的最大功能。要利用原木和采伐、造材、加工剩余物，采用新技术，生产木质重组材和木基复合材。积极发展木材保护业，加快推进木材防腐和人工林木材改性产业化，实现木材保护产品的标准化和系列化，逐步建立和完善木材保护产品质量检验检测体系，改善木材使用性能，延长木材产品使用寿命。要根据《林业产业政策要点》，抓紧制定木材工业实施细则。对限制发展的项目要提出行业准入的具体要求和限制条件。对淘汰的项目要采取得力措施限期淘汰。抓紧制定木材加工业资源综合利用条例、木材综合利用国家标准、木材工业节能降耗标准等一系列促进木材高效循环利用的法律法规和标准。积极推进木材工业企业清洁生产、资源循环利用。加强清洁生产、产品质量和环境认证工作，加强木材高效循环利用监督和产品标识管理，建立绿色环境标志和市场准入制度，从源头上抑制高能耗、高污染、低效益产品的生产。

领域六：湿地恢复、保护和利用

行动14：开展重要湿地的抢救性保护与恢复。重点解决重要湿地的生态补水问题，有计划地开展湿地污染物控制工作，实施湿地退耕（养）还泽（滩）项目，扩大湿地面积，提高湿地生态系统质量。根据湿地类型、退化原因和程度等情况，因地制宜地开展湿地植被恢复工作，提高湿地碳储量。

行动15：开展农牧渔业可持续利用示范。建立国家级农牧渔业综合利用示范区、农牧渔业湿地管护区、南方人工湿地高效生态农业模式示范区、红树林湿地合理利用示范基地，优化滨海湿地养殖，实施生态养殖，促进我国农牧渔业对湿地的可持续利用，减少湿地破坏导致的温室气体排放。

二、林业适应气候变化的重点领域和主要行动

领域一：森林生态系统

行动1：提高人工林生态系统的适应性。尊重自然规律和经济规律，根据未来气候变化情景，从增强人工林生态系统的适应性和稳定性角度，科学规划和确定全国造林区域，合理选择和配置造林树种和林种，注意选择优良乡土树种和耐火树种，积极营造多树种混交林和针阔混交林，构建适应性和抗逆性强的人工林生态系统。同时，在造林过程中，要把营造林技术措施和森林防火有机结合起来，减少森林火灾隐患。要充分考虑林分的长期和短期固碳效果，科学选择强阳性和耐阴性树种，尽可能形成复层异龄林。在干旱和半干旱地区，稳步推进防沙治沙工作，因地制宜地加大人工造林种草、封山育林育草措施，合理调配生态用水，建立和巩固以林草为主体的生态防护体系。加强人工林经营管理，提高人工林生态系统的整体功能，保护生物多样性。进一步扩大生物措施治理水土流失的范围，减少水蚀、风蚀导致的土壤有机碳损失。

行动 2：建立典型森林物种自然保护区。要在现有自然保护区基础上，进一步针对分布在不同气候带的面积较小且分布区域狭窄的森林生态系统类型，以及没有自然保护区保护或保护比例较少的森林生态系统类型，建立典型森林物种自然保护区，尽快将极度濒危、单一种群的陆生野生物种及栖息地纳入自然保护区，优先保护种群数量相对较少、分布范围狭窄、栖息地分割严重的陆生野生动物。按照统一规划、统一管理和按行政区域分块的办法，对属于一个生物地理单元、生态系统类型相同或相近的自然保护区进行系统整合，构建完整的保护网络，保证生态系统功能的完整性，提高自然保护区的保护效率。

行动 3：加大重点物种保护的力度。一是对于亟待保护的重点物种，要根据其特点和空缺程度不同，分轻重缓急，采取就地保护措施。二是对于需实行抢救性就地保护的物种，要对尚未纳入自然保护区网络的栖息地或原生地，优先划建自然保护区；没有条件建立规范性保护区的地段，划建保护小区或保护点，由相邻的国家级自然保护区管理；对大部分种群还没有纳入保护区网络的物种，要适度扩大已有自然保护区规模，使全部或大部种群及栖息地得到保护；对一些以保护重点物种为主的地方级自然保护区，在具备一定规模和条件时，可升级为国家级自然保护区。对国家级自然保护区内的栖息地较小的种群，应努力改善和扩大种群栖息地。三是对于需要重点进行就地保护的物种，针对其集中分布的物种，应选择几个国家级自然保护区作为核心保护区。在保护空缺处，根据建设条件，划建新的保护区，扩大受保护种群及栖息地的比例。对迁徙性或活动范围较大的野生动物，在主要栖息地和活动通道上建立自然保护区群，注重保护区之间的连通。四是对生境依赖性强的物种，应加大对所处生态系统的保护来保护、恢复和扩大物种种群及其栖息地。五是对广域分布的物种，有针对性地选择条件较好的自然保护区加以重点建设，提高自然保护区水平。六是对已分布在国家级自然保护区内的物种，应加大对自然保护区建设的投入力度，改善、恢复和扩大栖息地。

行动 4：提高野生动物疫源疫病监测预警能力。坚持"加强领导、密切配合，依靠科学、依法防治，群防群控、果断处置"的方针，做好野生动物疫源疫病监测防控工作。进一步加强和完善监测体系建设和应急管理，做好野生动物疫病本底调查。全面加强野生动物疫源疫病监测预警工作和国家级监测站建设和管理。加强与卫生、农业等部门的合作，形成联防联动机制。加强人员培训，做好应急演练。

领域二：荒漠生态系统

行动 5：加强荒漠化地区的植被保护。针对分布在大江大河源头，且遭受人为破坏严重的半乔木、灌木、半灌木和垫状小半灌木荒漠生态系统，建立一批自然保护区。在保护西部地区独特的植被资源、提高其适应气候变化的能力的同时，增强这类生态系统碳吸收功能，改善西部地区脆弱的生态环境。保护区发展重点是将还没有建立国家级自然保护区的荒漠植被类型，特别是一些面积较小、分布区域狭窄的荒漠植被类型，全部纳入自然保护区，如白杆沙拐枣荒漠等。

领域三：湿地生态系统

行动 6：加强湿地保护的基础工作。开展第二次全国湿地资源调查，全面掌握我国湿地资源的生态特征、社会经济状况、面临的主要威胁和发展趋势，对湿地生态系统储碳量和固碳能力进行调查评估。尽快开展第二次全国泥炭资源调查，摸清我国泥炭资源的分布、储量、保护和开发利用现状及变化趋势等。

　　*行动7：建立和完善湿地自然保护区网络。*加强现有湿地自然保护区建设，按照《全国湿地保护工程规划》及《全国湿地保护工程实施规划（2005—2010）》的要求，完善湿地保护基础设施建设，建立健全保护区管理机构，开展社区共管。重点加强对滨海湿地、沼泽湿地、泥炭等湿地类型的保护，发展湿地公园，逐步遏制湿地面积萎缩和功能退化的趋势，形成湿地自然保护网络和较为完整的湿地保护与管理体系。

第六部分　保障措施

一、加强领导，积极开展林业应对气候变化行动

　　各级林业部门要提高对林业在应对气候变化中特殊地位和作用的认识，将林业工作和应对气候变化工作有机结合起来。要切实加强组织领导，认真履行职责，积极采取措施，结合本地区实际，认真贯彻落实林业应对气候变化的各项措施和目标，真正发挥林业在减缓与适应气候变化中的作用。

二、强化科技，推进林业应对气候变化科学研究

　　要针对国家应对气候变化战略确定的林业任务和主要行动开展相关研究。一是要紧跟国际研究前沿，深入开展森林对气候变化响应的基础研究，深入探讨气候变化情景下的森林、湿地和荒漠生态系统的碳、氮、水循环过程和耦合机制；开展人类活动对森林、湿地和荒漠等生态系统碳源/汇功能的影响机制研究。二是要结合我国森林的地理分布区域和生态环境类型特点，加强森林生态系统定位站的规划和建设，强化森林生态系统对气候变化响应的定位观测。通过开展生物多样性、森林火灾和森林病虫害等定位观测技术研究，逐步完善森林生态系统观测网络和监测体系，并在此基础上，加强森林适应气候变化的政策建议、技术选择、成本效益以及适应效果评价等研究，不断提高林业适应气候变化的能力。三是要加强林业碳汇计量和监测体系研究，尽早建立国家森林碳汇计量和监测体系，实现相关数据共享。四是要加强林业减排增汇技术研究。针对林业生物质能源林高效培育、生物柴油提取、木纤维转化乙醇、生物质发电等方面开展合作研究；继续开展重点工程和区域减排增汇潜力与成本效益分析，从碳汇能力、木材供应、水源涵养、生境保护等角度，继续研究相关林种树种搭配模式、多重效益兼顾的栽培和采伐方式、湿地与红树林等生态系统恢复和重建技术、可持续经营技术和农林复合系统的经营技术等。五是加强林业防灾体系研究。要继续研究气候变化情景下的森林火灾和森林病虫害发生机理研究，加大火灾防控新技术、新装备的研发引进力度；提出主要林业有害生物灾害影响和防控对策；加强气候变化下各类野生动物疫病，特别是人兽共患病致病机理的研究，逐步掌握野生动物疫病发病机理和快速诊断、检测关键技术。六是加强气候变化情景下森林、湿地、荒漠、城市绿地等生态系统的适应性问题，提出适应技术对策，开展相关的适应成本和效益分析与评价等。

三、注重培训，提高林业从业人员的工作能力

一是强化应对气候变化相关的专家队伍建设，通过科研立项、建立公平竞争机制等措施，积极鼓励中青年科技工作者积极从事林业应对气候变化相关领域科研，逐步培养一批政治素质高、科研能力强、工作作风实的气候变化专家。二是加强林业应对气候变化相关人员培训。此类培训要和贯彻实施《全国林业人才工作"十一五"及中长期规划》、《全国林业从业人员科学素质行动计划纲要》、"林业专业技术人才知识更新工程"等紧密结合起来。在林业从业人员中树立可持续发展、节约资源、保护生态、改善环境、合理消费、循环经济等观念。三是要积极组织编写《林业应对气候变化地方领导培训大纲》，将生态系统与气候变化关系、地方政府在加强生态建设与保护、应对气候变化过程中的责任与作用、林业应对气候变化措施等作为开展地方党政领导干部林业专题培训的重要内容，开发相关培训课程和教材。四是积极举办林业应对气候变化专题研讨班和讲座，并将相关内容纳入各类干部职工培训计划。

四、深入宣传，不断提高公众应对气候变化意识

一是广泛开展科普宣传，深化全社会对林业的功能与作用的认识。宣传普及森林培育经营管理知识、森林和湿地的吸碳、贮碳的增汇功能和作用，让公众认识到林业是经济有效的减缓气候变暖的重要措施，在应对气候变化中具有不可替代的重大作用，促进全社会重新审视林业的地位和作用，增强公众的生态意识和保护气候意识，动员更多的人参与到"造林增汇、保林固碳、改善环境、应对气候变化"的行动中。二是搞好动态宣传。积极宣传林业在应对气候变化方面的重要举措和具体行动，以及这些举措在增加森林碳汇、防止水土流失、治理荒漠化、消除贫困、保护生物多样性等方面取得的多重效益。通过多种媒体和手段，促进人们进一步"关注森林"。使林业应对气候变化宣传实现全方位和多视角。三是加强典型宣传。突出宣传各地生态建设的典型，报道重点地区在推进植树造林、改善生态状况等方面取得的变化和经验。结合已成立的中国绿色碳基金，大力宣传各级社会团体、组织和重点企业参与造林绿化、减排增汇的行动。选择并树立一批以实际行动参加林业应对气候变化行动的企业、团体、组织和个人的典型事迹，通过典型带动全社会的行动。

五、创新机制，推进林业改革和应对气候变化工作

一是要贯彻落实《中共中央 国务院关于全面推进集体林权制度改革的意见》，明晰产权"、"完善政策"，给予农民更多的发展权利，增强农民的发展能力，保障农民的合法权益，进一步调动广大林农造林护林和经营森林的积极性。二是要大力支持各类社会主体参与林业建设，以政策为引导，以法律作保障，鼓励和扶持社团、企业、外商等开展多种形式的造林，不断扩大非公有制造林的数量和规模。三是要制（修）订林业保护法律法规，完善相关配套政策，用法律手段和政策保障促进林业发展。适时修订森林法，争取尽快出台国家湿地保护条例，加大执法力度，扩大社会监督。四是要继续完善各级政府造林绿化目

标管理责任制和部门绿化责任制，进一步探索市场经济条件下全民义务植树的多种形式，推动义务植树和部门绿化工作的深入发展。五是要充分发挥中国绿色碳基金平台作用，积极鼓励企业、组织、团体、个人以自愿方式加入中国绿色碳基金。对碳汇计量、监测、注册、登记等工作进行资质管理，逐步建立资质认证制度。

六、突出重点，增加林业建设资金

一是要在公共财政体制下，保持对林业发展和保护工作的持续资金投入。要根据林业应对气候变化的重点领域和主要行动，继续保持和加大公共财政对重点工程造林、森林可持续经营、珍贵树种营造、森林火灾和病虫害预防、野生动物疫源疫病监测防控、森林保护等方面的资金支持力度，确保林业应对气候变化的重点领域和主要行动得到有效实施。二是要多渠道筹集林业发展和保护的资金，积极组织编制林业利用外资的项目规划，引导外资流向林业重点工程，进一步完善国家林业信贷资金投入政策和管理体制。三是支持木材高效循环利用，积极争取国家扶持企业在提高木材综合利用率方面的技术改造。四是要加大对林业应对气候变化所涉及的森林碳汇计量和监测、森林恢复技术、困难立地造林技术、可持续经营综合技术、森林适应性评估等方面的专项科研以及与林业应对气候变化相关的能力建设、宣传培训、国际履约等方面的经费支持。

七、服务大局，积极开展林业国际合作

一是以"亚太森林恢复与可持续管理网络"为平台，积极推进区域性林业国际合作。二是要全面深入地参与《公约》和《京都议定书》国际进程中林业议题谈判活动，积极组织部门内外专家针对林业议题开展谈判对策研究；积极支持我国林业专家参与 IPCC 及相关工作。三是要积极推进开展清洁发展机制下碳汇造林活动，积累项目实施经验，探索借鉴国际机制推进国内造林工作的途径。四是要鼓励开展林业与气候变化相关的双边和多边合作以及对话机制，利用国际合作资源提高推进林业应对气候变化能力建设，积极促进发达国家先进林业经营理念和经营技术转让。积极争取在援外渠道中，增加与发展中国家在林业应对气候变化领域的合作。

林业应对气候变化"十三五"行动要点

气候变化是当今人类生存和发展面临的严峻挑战，是国际社会普遍关注的重大全球性问题。加快林业发展，加强生态建设，努力增强碳汇功能，积极应对气候变化，已经成为国际共识和发展趋势，也是我国参与全球治理的重大机遇和实现经济社会持续健康发展的内在要求。

中国政府高度重视应对气候变化工作，明确提出了 2020 年和 2030 年应对气候变化行动目标。为落实行动目标，研究制定了《国家适应气候变化战略(2013—2020 年)》和《国家应对气候变化规划(2014—2020 年)》。为落实国家应对气候变化相关行动目标、战略规划，统筹做好"十三五"林业应对气候变化工作，确保林业"双增"目标如期实现、林业增汇减排能力持续提升，充分发挥林业服务国家应对气候变化工作大局的作用，特制定本行动要点。

一、"十二五"工作进展

党中央、国务院高度重视林业应对气候变化工作，作出了一系列重大决策部署：明确在应对气候变化中林业具有特殊地位，应对气候变化必须把发展林业作为战略选择；强调要努力增加森林碳汇，在 2005 年基础上，到 2020 年森林面积增加 4000 万公顷、森林蓄积量增加 13 亿立方米，到 2030 年森林蓄积量增加 45 亿立方米左右；提出"十二五"期间森林覆盖率提高到 21.66%，森林蓄积量增加 6 亿立方米，新增森林面积 1250 万公顷；森林增长指标作为约束性指标纳入了国家"十二五"规划纲要确定的考核内容，增加森林碳汇任务完成情况纳入了单位国内生产总值二氧化碳排放降低目标责任考核评估；林业还是气候谈判的重要议题之一。作为应对气候变化国家战略的重要组成，林业的积极作用日益彰显。

按照国家应对气候变化总体部署，围绕落实《"十二五"控制温室气体排放工作方案》、《林业发展"十二五"规划》、《林业应对气候变化"十二五"行动要点》确定的目标任务，"十二五"期间，林业应对气候变化各项工作扎实推进，取得重要进展。五年来，林业应对气候变化组织管理机构日趋健全，政策支撑体系逐步完善，技术标准体系初步形成，基础能力建设不断增强。五年来，通过大力造林、科学经营、严格保护，森林资源稳定增长，增汇减排能力稳步提升。根据第八次全国森林资源清查(2009—2013 年)结果：我国森林面积已达 2.08 亿公顷，完成了到 2020 年增加森林面积目标任务的 60%；森林蓄积量 151.37 亿立方米，已提前实现到 2020 年增加森林蓄积量的目标；森林覆盖率由 20.36% 提高到 21.63%；森林植被总碳储量由第七次全国森林资源清查(2004—2008 年)的 78.11 亿吨增加到 84.27 亿吨。五年来，我国森林资源持续增加，湿地保护不断加强，林业碳汇

注：《林业应对气候变化"十三五"行动要点》由国家林业局(办造字〔2016〕102 号)于 2016 年 5 月发布。

功能稳步提升，为应对气候变化、拓展发展空间、建设生态文明作出了重大贡献。

在取得成绩的同时，林业应对气候变化工作也还面临一些亟待解决的问题：一是森林资源总量不足、质量不高，生态系统稳定性不强，林业适应和减缓气候变化的能力有待提高。二是地方林业主管部门对气候变化工作的认识不高、重视不够，工作力度还有待加强。三是林业应对气候变化管理和技术人才紧缺，缺少"牵头人"和"领军人"，亟待进一步加大培养力度。四是林业应对气候变化专项工作经费严重不足，尤其西部省区，投入更少，难以满足工作需要，急需加大投入。五是林业应对气候变化相关科研与生产实际结合不紧，科研支撑能力弱，需要进一步改革创新。

二、面临的形势

从国际看，在相关国际进程中，林业问题受到越来越多关注，林业与气候变化的关系日益受到重视。特别是在《联合国气候变化框架公约》、《京都议定书》谈判中，林业作为重要谈判内容之一，共识越来越多。目前，多数国家赞成在2020年后全球应对气候变化新协议中继续充分发挥林业作用。研究表明，我国温室气体排放总量已经上升至全球第一，减排压力与日俱增。随着工业化、城镇化进程推进，未来一段时期，我国能源消耗仍将呈增长趋势，以煤为主的能源消费结构短期内难以根本改变，温室气体排放总量还将持续增加。缓解减排压力，拓展发展空间，林业可以有所作为。我国还有相当数量的宜林地，60%~70%的森林正处在中幼林龄，湿地保护与恢复力度持续加强，具备了碳汇能力继续增加的有利条件。发挥林业作用，参与国际气候进程，既是重大挑战，也是参与全球生态治理的重要机遇。因此，推进林业应对气候变化工作必须更加注重运用国际视野，更加注重服务国家外交大局，更加注重国际谈判与国内工作协同互动。

从国内看，我国正面临资源约束趋紧、环境污染严重、生态系统退化、全球气候变暖、自然灾害高发频发的严峻形势。党的十八大首次把生态文明建设摆上中国特色社会主义五位一体的总体布局，明确提出要积极应对气候变化。习近平总书记深刻指出，中国高度重视生态文明建设和应对气候变化工作，在这方面，不是别人要我们做，而是我们自己要做。努力构建资源节约型、环境友好型社会，走出一条绿色低碳发展的生态文明之路，必须增汇减排协同推进。为此，我国政府采取了一系列重大举措：发布了国家应对气候变化规划和适应气候变化战略，提出了2020年和2030年应对气候变化行动目标，出台了加快推进生态文明建设的意见，正在积极推进应对气候变化法律法规和碳排放权交易等制度建设。国家林业局党组历来高度重视林业应对气候变化工作，将其作为建设生态文明、服务国家应对气候变化工作大局的重要内容，摆上了林业改革发展的重要位置。这些重大决策部署，为"十三五"林业应对气候变化工作指明了方向，提升森林、湿地生态系统碳汇功能，成为"十三五"的硬任务和硬要求。

三、"十三五"工作思路

（一）指导思想。以党的十八大和十八届三中、四中、五中全会及习近平总书记系列重要讲话精神为指导，以建设生态文明和美丽中国为总目标，以落实国家应对气候变化总体部署和实现林业"双增"为总任务，以增加林业碳汇为核心，以制度创新为抓手，扎实推进造林绿化，着力加强森林经营，强化森林与湿地保护，扩面积、提质量、多固碳，不断增强林业减缓和适应气候变化能力，为维护生态安全、拓展发展空间、促进经济社会持续健康发展作出贡献。

（二）基本原则。坚持林业行动目标与国家应对气候变化战略规划相衔接。坚持减缓与适应协同推进。坚持增加林业碳吸收与减少林业碳排放同步加强。坚持国内工作与国际谈判互为促进。坚持政府主导与社会参与有机结合。

（三）主要目标。到 2020 年，林地保有量达到 31230 万公顷，森林面积在 2005 年基础上增加 4000 万公顷，森林覆盖率达到 23% 以上，森林蓄积量达到 165 亿立方米以上，湿地面积不低于 8 亿亩，50% 以上可治理沙化土地得到治理，森林植被总碳储量达到 95 亿吨左右，森林、湿地生态系统固碳能力不断提高。到 2020 年，林业应对气候变化组织管理体系、政策法规体系、技术标准体系、计量监测体系更加健全，基础能力和队伍建设有效夯实，林业服务国家应对气候变化工作大局的能力明显增强。

四、主要行动

（一）增加林业碳汇。一是全面落实《全国造林绿化规划纲要（2011—2020 年）》，组织开展大规模国土绿化行动，扎实推进天然林资源保护、退耕还林、防护林体系建设等林业重点工程，突出旱区造林绿化，深入开展全民义务植树，统筹做好部门绿化和城乡绿化，积极开展碳汇造林，扩大森林面积，增加森林碳汇。二是编制实施《全国森林经营规划（2016—2050 年）》，推进森林经营方案编制，大力开展森林抚育，加强森林经营基础设施建设，全面提升森林经营管理水平，促进森林结构不断优化、质量不断提升、固碳能力明显增强。三是严格自然湿地保护，积极推进出台《湿地保护条例》，建立湿地保护制度，加强湿地保护体系建设，完善湿地保护基础设施，遏制湿地流失和破坏，稳定湿地碳库。四是积极推进木竹工业"节能、降耗、减排"和木材资源高效循环利用，改善和拓展木竹使用性能，提高木竹综合利用率，健全木竹林产品回收利用机制，增强木竹产品的储碳能力。

（二）减少林业排放。一是加强森林资源管理，严格落实林地保护利用规划，坚决遏制林地流失势头，科学确定采伐限额，改进林木采伐方式，严厉打击滥采乱伐，减少林地流失、森林退化导致的碳排放。二是健全和完善森林火灾预警与响应机制，提升森林火灾监测、火源管控和应急处置能力，减少火灾导致的碳排放。三是实施《全国林业有害生物防治建设规划（2011—2020 年）》，强化监测预警、检疫御灾和防灾减灾体系建设，减少有害生物灾害导致的碳排放。四是建设能源林示范基地，培育能源林，推进林业剩余物能源化利用，提升林业生物质能源使用比重，部分替代化石能源。五是推进节约型园林绿化建设，鼓励并推广节水、节能的新技术、新设备、新材料。六是实施机关节能改造，认真抓好节油、节水、节电、节气工作落实，提能效，降能耗，创建节能机关。

（三）提升林业适应能力。一是加强林木良种基地建设和良种培育，加大林木良种选育应用力度，提高在气候变化条件下造林良种壮苗的使用率。二是坚持适地适树，提高乡土树种和混交林比例，优化造林模式，培育适应气候变化的优质健康森林。三是加强森林抚育，调整森林结构，构建稳定高效的森林生态系统，增强抵御气候灾害能力。四是实施湿地生态恢复工程，开展重点区域湿地恢复与综合治理，优化湿地生态系统结构，恢复湿地功能，提升湿地生态系统适应气候变化能力。五是加快沙化土地综合治理，有效保护和增加林草植被，优化沙区人工生态系统结构，增强荒漠生态系统适应气候变化能力。六是加强林业自然保护区建设，强化景观多样性保护和恢复，开展适应性管理，提升气候变化情况下生物多样性保育水平。七是保护国家级野生动植物，拯救极小种群，提高气候变化情况下重要物种和珍稀物种适应性。

（四）强化科技支撑。一是结合国家低碳发展宏观战略和 2020 年后应对气候变化目标，开展《2020 年后林业增汇减排行动目标研究》，提出 2020 年后我国林业减缓气候变化的落实方案。二是紧跟气候变化国际国内进程，聚焦林业应对气候变化重大科学问题，加强森林、湿地、荒漠生态系统对气候变化的响应规律及适应对策等基础理论、关键技术研究，切实加强科研成果的推广应用。三是积极协调推进建立全国林业碳汇技术标委会，加强林业碳汇技术标准管理，适时出台实际需要的林业碳汇相关技术规范。四是推进生态定位观测研究平台建设，做好生态效益评价和服务功能评估工作，不断提升应对气候变化科技支撑能力。

（五）加强碳汇计量监测。一是着力加快推进全国林业碳汇计量监测体系建设，加强林业应对气候变化基础设施建设，积极协调推进碳卫星立项，进一步完善基础数据库和参数模型库，出台森林、湿地、采伐木质林产品固碳测算技术规范，建成全国统一的、符合国际规则和国内实际的林业碳汇计量监测体系，实现定期更新监测数据、计量报告结果。二是加强全国和区域林业碳汇计量监测中心能力建设，进一步规范林业碳汇计量监测单位的管理，培养造就一支作风过硬、业务精通的技术队伍，提升技术支撑能力。三是深化政府间气候变化专门委员会（IPCC）技术指南研究，组织做好第三次国家应对气候变化信息通报林业碳汇清单编制。四是抓好温室气体排放林业指标基础统计、森林增长及其增汇能力考核工作。

（六）探索推进林业碳汇交易。一是积极参与国家碳交易相关顶层制度设计，探索建立林业碳汇交易制度，发挥林业碳汇抵减排放的作用。二是抓好《国家林业局关于推进林业碳汇交易工作的指导意见》的贯彻落实，组织开展林业碳排放配额制度研究，探索通过配额管理，推进林业融入国家碳排放权交易体系。三是积极探索推进各类林业增汇减排项目试点，鼓励通过中国核证自愿减排量机制开展林业碳汇项目交易。四是深入调查研究，总结推广林业碳汇交易经验。通过碳汇交易制度，不断完善森林、湿地生态补偿机制，为实现国家增汇减排目标作出贡献。

（七）增进国际交流与合作。一是按照国家应对气候变化谈判工作统一部署，建设性参与林业议题谈判，做好林业在减缓、适应、资金和核算规则等方面的研究。二是进一步加强谈判队伍建设，抓好谈判对案研究工作。三是深度参与 IPCC 相关评估报告和技术指南的研究制定，反映中国林业最新科研进展。四是密切关注气候变化有关国际进程，积极探索推进 REDD＋项目试点。五是认真谋划国家"一带一路"重大战略下林业应对气候变化合作需求，积极推进务实合作。六是加强林业应对气候变化双边、多边技术交流，推动林业应对气候变化"走出去，引进来"，实现互利共赢。七是按照第七轮中美战略对话成果清单要求，抓好中美应对气候变化工作组下的林业合作。八是加强与相关国际组织合作，注重合作成效。

五、保障措施

（一）加强组织领导。要把林业应对气候变化作为贯彻落实中央决策部署、大力推进生态文明建设、加快林业现代化的重要工作，摆在突出位置，列入重要议事日程，切实加强组织领导，进一步建立健全地方各级特别是省级林业应对气候变化工作机构、专家咨询机构、技术支撑单位及运行机制，明确职责分工，搞好协调配合，创新工作方法，狠抓任务落实，确保完成本行动要点确定的各项任务。

（二）完善政策法规。要加强林业应对气候变化法规政策研究，积极参与国家应对气候变化立法研究、《森林法》修订、碳排放权交易管理条例制定等立法工作，推进林业应对气候变化工作法制化，构建林业应对气候变化法律保障体系，充分调动社会组织和个人参与林业建设的积极性。在国有林区和国有林场改革的政策制定和组织实施过程中，突出其在林业减缓和适应气候变化中的重要地位和作用。要研究制定林业应对气候变化制度建设名录清单，积极探索推动林业碳汇生产、交易等方面的政策措施，不断提升林业应对气候变化工作的规范化、法制化水平。

（三）加大资金投入。积极推进把林业应对气候变化有关任务目标纳入各级政府中长期发展规划以及林业建设有关规划，建立长期稳定的林业应对气候变化资金投入保障机制。促请各级财政切实加大林区道路、森林防火、林业有害生物防治、碳汇计量监测等基础设施投资力度，加大林木良种培育、造林、森林抚育、沙化土地封禁保护等补贴及森林生态效益、湿地生态效益补偿，加快建立荒漠生态效益补偿和防沙治沙奖励补助机制，完善森林保险、林权抵押贷款等政策。尤其要加强对林业碳汇计量监测体系建设的资金投入，保持资金投入的持续性和稳定性，确保碳汇调查核算、队伍培养、人才培训、科普宣传等工作正常有效开展。

（四）探索推进应对气候变化工作的考核评价。以国家应对气候变化行动目标任务及林业发展规划为依据，以林业生态资源监测和评估、林业碳汇计量监测体系为支撑，配合国家气候变化主管部门做好对各省（自治区、直辖市）人民政府二氧化碳排放强度下降目标中森林碳汇任务完成情况的考核。积极探索将林业应对气候变化工作纳入地方党政领导林业建设目标责任制，建立生态政绩考核评价体系，对森林碳汇等重要目标指标完成情况进行定期考核评价，考核评价结果作为衡量地方政府及林业主管部门应对变化工作优劣的重要依据。

林业适应气候变化行动方案（2016—2020 年）

气候变化是人类共同面临的重大危机和严峻挑战，已经成为国际政治、外交、经济和生态领域的共同关切。应对气候变化应当减缓和适应并重。减缓气候变化是长期的艰巨任务，适应气候变化是更为现实的紧迫任务。林业是受气候变化影响最严重的领域之一，也是我国确定的适应气候变化的重点领域之一。做好林业适应气候变化工作对增强国家整体适应能力，维护生态安全、气候安全具有重大意义。

一、基本背景

（一）面临形势。联合国政府间气候变化专门委员会（以下简称"IPCC"）迄今发布了 5 次科学评估报告。在 2008—2014 年第五次评估期间发布了 6 份报告。其中，2012 年发布的《管理极端事件和灾害风险，推进气候变化适应特别报告》是首部专门针对适应问题的科学评估报告，表明气候变化已对自然生态系统和人类生存发展产生了广泛而深远的影响，气候变化增温幅度的提高将加剧这种影响。2014 年发布的 IPCC 第二工作组报告《气候变化 2014：影响、适应和脆弱性》进一步确认了气候变化对社会经济系统、自然生态系统和人类生存发展带来的重大影响。研究表明，气候变化导致极端气候事件频发，生态系统受到威胁其至会遭受不可逆转的损害，造成全球经济社会的重大损失。未来仅仅依靠生态系统自身的适应能力将不足以应对这些变化，需要通过主动适应措施帮助生态系统适应气候变化。2014 年，联合国环境规划署发布的首份《全球适应差距报告》指出，发展中国家在 2050 年前每年适应成本据估算需要 700 亿～1000 亿美元。《联合国 2015 年后发展议程综合报告》指出："人类活动引起的二氧化碳排放是导致气候变化的最大促成因素，适应可以减少气候变化的风险和影响。"国际社会高度关注适应气候变化工作，不论发达国家还是发展中国家，都把适应作为应对气候变化的重要方面。德国、荷兰、比利时等发达国家都出台了适应气候变化国家方案。易受气候变化不利影响的发展中国家，特别是最不发达国家和小岛屿国家，尤为重视适应气候变化工作，采取了一系列适应政策举措。

我国气候条件复杂，生态环境整体脆弱，易受气候变化不利影响。研究表明，气候变化会引起温度、湿度、降水及生长季节等变化，进而对林业发展构成现实和潜在影响。主要包括：森林火灾发生频度和强度将加剧，林业有害生物发生范围和危害程度会加大；一些珍稀树种分布区和一些野生动物栖息地将缩小；气候变化将使湿地水文资源状况发生改变，导致湿地缺水、面积萎缩、生物多样性下降及生态功能减退；我国西部草原可能退缩，全国荒漠化和水土流失总面积将呈扩大趋势；气候变化还可能导致我国东部亚热带、温带地区植被北移，物候期提前，影响林业建设布局。2008 年，发生在我国南方的大范围雨雪冰冻灾害致使森林资源遭受重大损失，反映了极端气候事件的严重危害，凸显了森林

注：《林业适应气候变化行动方案（2016—2020 年）》由国家林业局（办造字〔2016〕125 号）于 2016 年发布。

生态系统的脆弱性。减少气候风险，提升林业适应能力越发紧迫。

（二）存在问题。一是我国林业资源禀赋不足。我国森林覆盖率远低于全球31%的平均水平，人均森林面积仅为世界人均的1/4，人均森林蓄积只有世界人均的1/7；湿地率低于全球8.6%的平均水平，人均湿地面积仅为世界人均的1/5，湿地保护压力大、恢复难度大；雾霾天频现，沙尘暴多发，防沙治沙任务重；景观破碎化、物种濒危化加剧，生物多样性保护十分迫切。生态脆弱仍是我国的基本国情，生态产品短缺仍是突出短板，森林、湿地和荒漠生态系统对气候变化比较敏感，气候风险较大。二是林业适应气候变化工作基础薄弱。林业领域适应气候变化的意识普遍不高、能力相对薄弱、工作体系不够健全、人才队伍比较紧缺，各项工作亟待加强。

（三）编制依据。我国政府一直高度重视适应气候变化问题，先后出台了一系列重大举措。2007年发布的《中国应对气候变化国家方案》，明确了适应气候变化的重点领域和行动。2011年出台的国家"十二五"规划纲要，要求积极应对气候变化，增强适应能力，制定适应气候变化战略。2013年发布的《国家适应气候变化战略》，从战略层面对适应工作作出全面部署，明确了工作的重点领域和任务，要求编制部门适应气候变化方案，抓好贯彻执行。2014年出台的《国家应对气候变化规划》，专列一章，提出了林业等七大领域的适应气候变化工作。2015年发布的《中共中央 国务院关于加快推进生态文明建设的意见》（中发〔2015〕12号），进一步对适应气候变化工作作出安排。为深入贯彻落实中央要求，抓好林业适应气候变化工作，特制定本行动方案。

二、总体要求

（一）指导思想。以党的十八大和十八届三中、四中、五中全会及习近平总书记系列重要讲话精神为指导，以建设生态文明和美丽中国为总目标，以落实国家应对气候变化总体部署和适应气候变化战略要求为总任务，科学造林、科学保护、科学经营，加强监测预警、加强风险管理、加强队伍建设，全面提升林业适应气候变化能力，为促进低碳发展和建设生态文明作出新贡献。

（二）基本原则。一是坚持对接国家战略的原则。林业适应气候变化行动目标要与国家适应气候变化战略和规划相衔接，突出林业适应行动特点，支撑国家适应气候变化工作。二是坚持适应与减缓并重的原则。优先采取具有减缓和适应协同效益的措施。三是坚持趋利避害的原则。积极利用气候变化带来的有利因素，采取科学措施，最大程度规避各种可能风险，使林业资源开发利用最优化、损失最小化，促进林业可持续发展。四是坚持主动适应、预防为主的原则。加强监测预报预警，确立有序适应目标，从适应技术到适应政策，提高各个层面林业适应气候变化能力。五是坚持促进全社会广泛参与的原则。加强绿色低碳发展、应对气候变化的理念传播与宣传引导，普及林业适应气候变化政策与知识，提高公众意识，探索社会参与机制，努力构建良好的社会氛围。

（三）主要目标。到2020年，林木良种使用率提高到75%以上，森林覆盖率达23%以上，森林蓄积量达165亿立方米以上，森林火灾受害率控制在0.9‰以下，主要林业有害生物成灾率控制在4‰以下，国家重点保护野生动植物保护率达95%，湿地面积不低于8

亿亩，50%以上可治理沙化土地得到治理，森林、湿地和荒漠生态系统适应气候变化能力明显增强。到2020年，林业适应气候变化工作全面展开，适应意识普遍提高，基础能力得到进一步加强，人才队伍初步建立，工作体系基本形成，服务国家适应气候变化工作的能力明显提升。

三、重点行动

（一）加快优良遗传基因的保护利用，大力培育适应气候变化的良种壮苗。加强林木种质资源的调查收集和保存利用，强化林木良种基地建设，开展树种改良研究和试验的技术攻关，加大林木良种选育和使用力度，科学培育适应温度和降水因子极端变化情况下保持抗逆性强、生长性好的良种壮苗，提高造林绿化良种壮苗供应率和使用率。

（二）适应气候条件变化，适地适树科学造林绿化。根据温度、降水等气候因子变化，适应物种向高纬度高海拔地区转移的趋势，科学调整造林绿化树种和季节时间。坚持因地制宜、适地适树，提高乡土树种和混交林比例，增加耐火、耐旱（湿）、耐贫瘠、抗病虫、抗极温、抗盐碱等树种造林比例，合理配置造林树种和造林密度，优化造林模式，培育健康森林。尤其是旱区造林绿化，要宜乔则乔、宜灌则灌、宜草则草、乔灌草结合，加快植被恢复，努力构建适应性好、植被类型多样的森林生态系统。

（三）运用近自然经营理念，积极推进多功能近自然森林经营。借鉴运用近自然森林经营理念和技术，加快研究适应气候变化的森林培育方向和经营模式，推进森林可持续经营。制定森林经营计划要综合考虑未来气候变化情景，尤其是极端天气情况。针对纯林多、密度不尽合理、林分退化及服务功能脆弱等问题，要结合气候变化因素科学开展森林抚育经营，优化森林结构，提高林地生产力和森林质量及服务功能，增强森林抵御自然灾害和适应气候变化能力。

（四）加强林业灾害监测预警，不断提升适应性灾害管理水平。考虑气候变化因素，建立和完善森林火灾、林业有害生物灾害及沙尘暴监测体系，利用遥感等现代手段开展森林状况监测，提升预报预警能力。深化林业灾害发生规律研究，加强灾害风险评估，重点研究评估洪涝、干旱、雪灾、冻雨、台风等气象灾害和滑坡、泥石流等地质灾害的发生条件及对林业的影响。加强灾害防治基础设施和应急处置能力建设，做好物资、技术储备，采取先进管理模式，提升林业灾害防治水平，控制灾害影响范围，防止次生灾害发生，努力降低灾害引发的损失。

（五）加强自然保护区建设和管理，严格保护生态脆弱区和相关物种。加强林业自然保护区建设和适应性管理，建立自然保护区网络及物种迁徙走廊，加强典型森林生态系统和生态脆弱区保护。提高野生动物疫源疫病监测预警能力，加大重点物种保护力度，拯救极小种群，优先保护种群数量相对较少、分布范围狭窄、栖息地割裂或生境破坏严重的陆生野生动植物，提高气候变化情景下的重要物种和珍稀物种的适应能力。强化景观多样性保护，推进森林公园建设，保护自然生态系统的原真性和完整性，努力构建完整的生态保护网络。

（六）加大湿地恢复力度，努力提升湿地生态系统适应气候变化能力。实施湿地恢复工程，开展重点区域湿地恢复与综合治理，优化湿地生态系统结构，增加湿地面积、恢复湿地功能、增强湿地储碳能力。加强湿地资源监测，加大湿地生态系统生物多样性保护，推进湿地功能退化风险评估。提升湿地生态系统适应气候变化能力。

（七）加快沙区植被恢复，努力提升荒漠生态系统适应气候变化能力。运用生物措施和工程措施，推进京津风沙源治理工程和沙化土地封禁保护区建设，加大岩溶地区水土流失和石漠化治理。加强沙区物种保护，开展沙区植被状况和荒漠化动态监测，加快沙化土地植被恢复进程。通过治理，改良土壤条件，提高植被更新条件，增加林草植被覆盖，增强荒漠生态系统适应气候变化能力。

（八）强化林业适应气候变化科学研究。深入开展林业适应气候变化的敏感性及其风险评估，加强森林、湿地、荒漠生态系统对气候变化的响应和适应规律研究。推进对历史时期气候状况与森林灾害关系的研究。开发适用的森林生态系统脆弱性评估工具，促进地方使用。推进林业适应气候变化能力评价指标体系研发，研究提出适应对策。应用和推广符合中国国情的林业适应气候变化技术，构建适应技术体系。加强林业适应气候变化的政策措施、成本效益与适应效果评价研究，不断提高科技支撑政策决策的能力。

（九）深化林业适应气候变化国际合作。建设性参加国际气候谈判和 IPCC 报告的研究、编写和评估，把握林业适应气候变化国际进程和发展趋势。积极推进双边和多边林业适应气候变化广泛务实合作，开展多渠道、多层次、多样化交流。促进发达国家向发展中国家提供开展适应行动在资金、技术及能力建设方面的支持，利用国际资源推动国内林业适应行动。引导和支持国内外企业、民间机构、非政府组织开展林业适应气候变化技术交流，推进务实合作。

四、保障措施

（一）加强组织领导。各级林业主管部门要进一步提高对林业适应气候变化工作重要性和紧迫性的认识，将林业适应气候变化工作列入重要日程，加强组织领导，建立健全工作机制，落实责任单位。要加强部门合作，特别是要与发展改革、财政、气象等部门合作，形成林业适应行动的合力。各地要根据本地实际，制定具体的落实措施，确保本方案确定的林业适应行动扎实开展，取得实效。

（二）加大政策扶持。各级林业主管部门要把林业适应气候变化行动目标任务纳入"十三五"本级林业发展规划总体安排。要将林业适应与林业减缓工作有机结合，协同推进。要根据国家和地方规划，细化年度建设任务，制定分解落实方案，抓好贯彻执行和督导检查。要积极探索政策创新，完善多元投入机制，调动社会、企业和个人参与林业建设的积极性，努力构建林业适应气候变化政策保障体系。要推进建立服务林农林业灾害保险，探索调整支持灾害采伐政策。要多渠道筹集林业适应气候变化资金，保持资金投入的持续性和稳定性，确保适应工作经费需求。

（三）夯实基础能力。要加强森林火险预警体系和林业有害生物防控体系建设，加大森林防火道路、装备及林业有害生物测报站、检疫检查站等基础设施投入力度，为提高灾害处置能力提供基础保障。要开展森林、湿地、荒漠生态系统脆弱性评估所需数据和信息体系建设。

（四）加强宣传培训。要将适应列为林业应对气候变化培训重点，组织专题培训和研修，培养适应方面专门人才。要加大宣传力度，重点针对林业系统的干部职工开展气候变化相关知识普及和政策讲授，提高适应意识。要积极开展林业适应气候变化试点示范，总结推广试点经验。

省级林业应对气候变化 2017—2018 年工作计划

为深入贯彻《国务院关于印发"十三五"控制温室气体排放工作方案的通知》（国发〔2016〕61 号）和《林业应对气候变化"十三五"行动要点》（办造字〔2016〕102 号）、《林业适应气候变化行动方案（2016—2020 年）》（办造字〔2016〕125 号）要求，认真落实全国林业厅局长会议部署，进一步加强省级林业应对气候变化工作，确保"十三五"既定目标任务如期实现，特制定本工作计划。

一、切实提高思想认识

（一）林业是应对气候变化国家战略的重要组成。习近平总书记指出"中国高度重视生态文明建设和应对气候变化工作，在这方面，不是别人要我们做，而是我们自己要做"。中央林业工作会议明确"在应对气候变化中，林业具有特殊地位"、"应对气候变化，必须把发展林业作为战略选择"。森林面积和森林蓄积两项增长目标已纳入国家对外承诺的 2020 年和 2030 年应对气候变化行动目标，加强森林、湿地、荒漠生态系统保护和建设，增加森林和湿地碳汇，控制林业温室气体排放，提高林业适应能力等已列入国家战略和规划。积极做好林业应对气候变化工作，对于维护国家气候安全、拓展发展空间、助力生态文明建设具有重大意义。但从目前看，林业应对气候变化工作还存在着地方重视不够、政策措施不完善、工作落实不到位等突出问题。各地要牢固树立政治意识、大局意识、核心意识、看齐意识，真正把思想和行动统一到中央的决策部署上来，把林业应对气候变化工作作为服务国家气候变化内政外交的重要支撑、作为建设生态文明的重大举措、作为全面建成小康社会的重要内容，摆在林业改革发展全局的突出位置，以强烈的责任感和使命感抓好工作的谋划、推进和落实。

二、大力加强宏观指导

（二）加强组织领导。各省（含自治区、直辖市、森工集团、新疆兵团，下同）林业主管部门要根据形势发展需要和人员岗位变动情况，进一步建立健全林业应对气候变化工作领导机构，明确工作制度、办事机构、负责人员，明确林业碳汇相关技术支撑单位，建立支撑决策的专家咨询制度，建立向下延伸的业务培训制度，保证应对气候变化工作持续稳定推进。

（三）完善规划计划。各省要根据《"十三五"控制温室气体排放工作方案》、《林业应对气候变化"十三五"行动要点》、《林业适应气候变化行动方案（2016—2020 年）》确定的相关工作目标，结合本地实际，研究确定本地区林业应对气候变化工作"十三五"目标任务，纳入本地区经济社会发展中长期规划、控制温室气体排放工作方案、林业发展相关规划等

注：《省级林业应对气候变化 2017—2018 年工作计划》由国家林业局（办造字〔2017〕125 号）于 2017 年 7 月发布。

政策文件中。要研究制定本地区林业应对气候变化年度工作计划，或在年度林业工作计划中作出专项安排，细化工作分工，落实保障措施，突出工作成果。

（四）加强部门协调。各省林业主管部门要建立健全应对气候变化部门合作机制，加强与本级发展改革、财政、科技、气象等部门的沟通协调。通过强化部门协作，提升工作成效，多渠道争取政策支持，逐步建立完善的林业应对气候变化政策保障体系，做到目标的实现有政策的支撑、政策的落实有资金的保障。

三、着力实现增汇减排

（五）增加森林碳汇。各省要围绕"在2005年基础上，到2020年森林面积增加4000万公顷、到2030年森林蓄积增加45亿立方米左右"的目标，着力推进国土绿化，着力提高森林质量。要把造林绿化、森林经营工作与应对气候变化工作更加有机地结合起来，花更大功夫，努力增加森林碳汇，充分展示林业生态建设对于应对气候变化的显著成效。各省要按照《国家林业局关于下达2016—2018年营造林生产滚动计划》的要求，科学安排营造林生产任务，认真抓好任务分解和组织实施，确保2017—2018年营造林任务圆满完成。

（六）稳定湿地碳汇。《全国湿地保护"十三五"实施规划》提出要对湿地实现总量控制，并明确了"十三五"期间湿地保有量任务。各省要对照该规划确定的湿地保有量任务，进一步细化分解，倒排进度，研究提出本地区2017—2018年相应的湿地保有量任务指标。要加大湿地保护与恢复力度，努力实现湿地总量稳中有增，稳定并逐步增加湿地碳汇，充分发挥湿地生态系统的碳汇功能。

（七）减少林业排放。加强森林等林业资源保护，大力巩固建设成果，最大限度减少林业领域的碳排放，也是林业应对气候变化的重要贡献。各省要敢于"亮剑"，加强林地占用管理，减少林地流失，遏制湿地流失和破坏，减少湿地排放。要按照森林防火、林业有害生物防治相关规划的要求，切实加强灾害监测预警、检疫御灾、防灾减灾体系建设，努力将灾害引致的森林碳排放降到最小程度。要注重做好林产工业节能减排工作，抓好统计核算，倡导低碳生产和销售。

（八）抓好碳汇考核。按照国务院统一部署，将对"十三五"时期温室气体排放下降目标（含林业碳汇指标）进行考核。目前纳入考核的两项林业碳汇指标是年度造林合格面积、年度森林抚育合格面积。各省要确保年度造林、抚育任务完成，积极配合做好林业碳汇年度考核工作。同时根据形势变化和工作实际，研究提出完善林业碳汇指标的建议。要充分利用考核工作，促进省级政府更加重视林业生态建设和林业应对气候变化工作。

四、注重完善碳汇监测体系

（九）做好首次（2014—2016年）全国土地利用、土地利用变化与林业（LULUCF）碳汇计量监测工作。全国林业碳汇计量监测体系建设是一项基础性、长期性、全局性的重要工作。2017年，各省要按照我局对体系建设作出的统一安排，做好首次（2014—2016年）全国LULUCF碳汇计量监测成果的质量检查和汇总。江苏省、新疆维吾尔自治区、新疆生产建设兵团要进一步加快工作进度。

（十）做好第二次（2017—2019年）全国LULUCF碳汇计量监测工作。2017年开展LU-LUCF碳汇计量监测工作的有13个省（单位）：山西、辽宁、黑龙江、江苏、浙江、江西、湖南、广西、贵州、云南、宁夏、龙江森工集团、大兴安岭林业集团。2018年开展LU-LUCF碳汇计量监测工作的有12个省（单位）：北京、内蒙古、上海、福建、山东、河南、湖北、海南、甘肃、新疆、内蒙古森工集团、新疆生产建设兵团。其余省LULUCF碳汇计量监测工作安排在2019年进行。各省要按照年度计量监测工作安排要求，加强组织领导和工作协调，落实配套资金，加大力度支持省级技术支撑单位开展工作，确保第二次LU-LUCF碳汇计量监测工作圆满完成，取得预期成效。

（十一）做好省级温室气体排放林业清单编制工作。2015年，国家发展改革委部署了省级温室气体清单编制工作。各省林业主管部门要积极协调，主动对接本级发展改革部门，依托全国林业碳汇计量监测体系建设的数据成果和技术支撑队伍，积极配合做好2012年、2014年省级温室气体排放林业碳汇清单编制工作。通过参与清单编制，展现林业话语权、影响力。

五、全力推进碳汇交易

（十二）开展摸底调查。各省要对本地区自2005年1月1日以来开展的各类林业碳汇交易项目，包括中国核证自愿减排量（CCER）林业碳汇交易项目、国际自愿减排项目、国际清洁发展机制（CDM）林业碳汇项目、企业履行社会责任捐资碳汇造林（森林经营）项目，进行一次全面摸底、系统梳理，研究分析存在问题，提出今明两年及以后林业碳汇交易工作思路、目标和任务，形成专题报告。

（十三）积极推进试点。北京、福建、江西、湖南、广东省林业主管部门及大兴安岭林业集团要认真总结CCER林业碳汇交易项目可复制、可推广的有益做法、成功模式，加快开发更多更好的林业碳汇交易项目。其他省份林业主管部门要借鉴先进经验，发挥主管部门的作用，尤要加大林业碳汇项目方法学的开发力度，具体部署本地区林业碳汇项目开发交易工作，力争在林业碳汇项目交易上取得突破。

（十四）完善交易政策。各省林业主管部门要以全国统一的碳排放权交易市场启动建设为契机，主动与省级发展改革部门沟通协调，抓紧研究本地区林业碳汇交易政策。一些森林资源发展潜力大、贫困县和贫困人口较多的省，更要主动研究制定有关法规、管理办法、实施方案，充分发挥林业碳汇交易在助力生态建设、扶贫脱贫攻坚、绿色低碳发展中的多重作用。

（十五）敢于创新作为。各省林业主管部门要深刻理解"使市场在资源配置中起决定性作用和更好发挥政府的作用"，切实负起责任，按照政策要求，结合地方情况，从森林生态效益的有效发挥和林业资源的长远利用出发，稳中求进，敢于创新，着力开创林业碳汇交易工作新局面。

六、深入开展重大问题研究

（十六）加强科学问题研究。各省要充分发挥本地区林业科研院所和高校的资源优势，积极开展森林、湿地、荒漠生态系统对气候变化的响应规律及适应对策等基础理论、减缓和适应气候变化关键技术研究，为政府决策提供科学支撑。

（十七）加强重大政策研究。各省要紧紧围绕全国及本地区林业应对气候变化工作重点，突出问题导向，超前谋划重大政策研究课题。积极利用国家 CDM 基金赠款、国际绿色气候基金，认真做好 2017—2018 年政策研究项目申报，抓好项目组织实施。

七、不断夯实人才队伍基础

（十八）组织开展培训。各省要把林业应对气候变化人才队伍建设作为紧要的基础工程进一步抓紧抓实，建立健全培训制度。针对应对气候变化重点工作需求和短板，组织开展形式多样的培训，逐步实现培训工作的制度化、常态化。各省每年至少要举办 1 次针对市（或县）级林业系统干部职工的林业应对气候变化专题培训，帮助他们掌握政策、提升能力。

（十九）积极参加培训。国家林业局将在 2017 年、2018 年举办第十一期、第十二期全国林业应对气候变化专题培训班，培训内容将进一步聚焦林业碳汇计量监测、林业碳汇项目开发交易等重点工作。各省要根据培训通知要求，选派有事业心、责任感、专业对口人员参加培训。

八、全面深化国际合作交流

（二十）积极推进南南合作和"一带一路"沿线国家合作交流。各有关省要按照国家和国家林业局推进国际合作总体要求，积极探索在南南合作和"一带一路"战略合作框架下，与有关国家务实地开展林业应对气候变化合作，共享工作经验，共同提高应对能力。要继续推进与国家林业局作为业务主管部门的有关国际非政府组织的合作，拓展林业应对气候变化合作内容，力求取得实实在在的成效。

（二十一）积极开展中美林业应对气候变化合作。国家林业局规划院、中国林科院及热林中心、吉林省汪清林业局要按照 2016 年中美森林减缓和适应气候变化政策与技术研讨会确定的合作内容，在森林适应气候变化、森林经营增汇技术措施、林业碳汇计量监测方面，深化中美林业应对气候变化务实合作，抓出更大成效。

（二十二）积极开展与东盟林业合作。广西、海南等省份，要按照"中国—东盟林业合作南宁倡议"确定的合作内容，在国家林业局统一安排下，积极参与落实林业应对气候变化相关能力建设、项目合作、政策研讨等合作事项。

九、积极做好宣传工作

（二十三）突出宣传主题。各省要结合国际森林日、全国低碳日、全国节能宣传周、植树节等重大节日，组织举办"绿化祖国·低碳行动"等主题鲜明的宣传活动，充分利用广播、报刊、电视等传统手段以及网络、微信、微博等现代手段，深入宣传林业应对气候变化政策和举措、努力和成效、作用和贡献，广泛普及林业碳汇知识，讲好绿色低碳发展故事，不断增强全社会关注气候、保护气候的意识。

（二十四）发挥宣传作用。要及时上报林业应对气候变化重要新闻资讯、重大工作进展，向本级党委政府报告林业应对气候变化工作，共同营造推进工作的良好氛围。要把宣传经费列入年度预算，保证宣传工作正常开展。